高勝算決策

如何在面對決定時，降低失誤，
每次出手成功率都比對手高？

安妮·杜克 Annie Duke 著　吳煒聲 譯

THINKING IN BETS
MAKING SMARTER DECISIONS WHEN YOU DON'T HAVE ALL THE FACTS

目錄
Contents

好評推薦

「投資是非常複雜的決策，買進、賣出與不動作都是在下注，從投資結果如何反推是技巧還是運氣造成？本書讓你更專注於可以學習的投資技巧、忽略無法控制的投資運氣，最後得以變得更好、更富有。」

——陳思聖，大詩人的寂寞投資筆記

「人生處處面臨抉擇，如同下注。從職業撲克冠軍能學習到，人性與心理學，成功的策略，資金管理與情緒管理。成功運用在生活、投資與經營企業。」

——齊克用，探金操盤手培訓講師

「這本書的內容實在太有意思了！把研究人類決策的心理學知識，套用在最考驗決策能力的撲克牌局上。彷彿見到在牌局輸贏瞬間有大量的心理學知識飛過。」

——蔡宇哲，哇賽！心理學總編輯

「撲克也可以為你在工作或人生上指點迷津嗎？當然可以！就讓德州撲克世界冠軍安妮·杜克告訴你，如果牌桌如戰場，人生則是一個更大的戰場，而讓她用她的致勝技巧告訴你，如何做好人生中每個攸關重要的決定！」

——鄭志豪，秒殺課程「一談就贏」創辦人、知名企業管理講師

「仔細區分運氣與技巧，持續精進決策品質，加入或打造優良團隊，用更大的時間視野，協助自己走在對的路上！這些都是本書探討的主題。」

——蔡依橙，醫師、新思惟國際創辦人

「一本結合行為經濟學、博奕實務與心理學的精采著作；原來，生活更像打牌！」

——鄭涵睿，綠藤生機共同創辦人

「安妮．杜克講述精采的故事，運用靈活的智慧，打造一本思考風險的終極指南。安妮從前以撲克謀生，下決策時得冒著損失數百萬美元的風險，因此人人皆能從她身上學習如何做出更好的決策。」

——查爾斯．杜希格（Charles Duhigg），《為什麼我們這樣生活，那樣工作？》（*The Power of Habit*）作者

「這本書適切融合撲克牌桌的生存法則及認知科學的見解。讀完本書後，你將更敏銳且更聰明，在生活中更有智慧。」

——菲利普．泰特洛克（Philip E. Tetlock），《超級預測》（*Superforecasting*）作者

「內容精采可期。建議買十本，送給每個與你共事的人。這本書實在太棒了。」

——賽斯．高汀（Seth Godin），《紫牛》（*Purple Cow*）作者

「《高勝算決策》引人入勝，充實有用，提供思考生活決策的新方法。安妮．杜克的這本書至關重要，內容輕鬆有趣，能讓人了解自身的缺點，進而做出更明智的選擇。我敢打賭，讀者鐵定能收穫滿滿。」

——瑪莉亞．柯妮可娃（Maria Konnikova），《騙局》（*The Confidence Game*）作者

「這是令人信服、不可或缺的書，企業家、領導者及經常面臨風險的人都應該一讀。」

——奧麗薇亞．福克斯．卡本尼（Olivia Fox Cabane），《創意天才的蝴蝶思考術》（*The Net and the Butterfly*）合著作者

「安妮的見解極為有用，可以協助我們在面對各種可能的結果時，審慎地思考決策，因此本書非常適用於投資界。」

——霍華．馬克斯（Howard Marks），《投資最重要的事》（*The Most Important Thing Illuminated*）作者

推薦序

如何在面對決定時，總是做出最好的選擇？

——Ryan Wu 吳冠宏，職業德州撲克玩家

在職業撲克玩家七年的生涯過後，我最大的收穫是什麼？一套能夠處理所有問題的決策模式。

如果你不會玩德州撲克，在看到本書的時候，心裡肯定會有許多疑問。賭博不是靠運氣嗎？這是一本教人如何賭博的書嗎？如果我從來不玩牌，這本書對我會有幫助嗎？

首先，德州撲克不是一個純靠運氣的遊戲，職業牌手能夠長期保持較高的勝率，是因為在多數時間可以做出比對手好的決定。再來，這不是一本教你如何打牌的書，而是教你如何在生活中、商場上、關係裡，持續做出高品質決定。

「你玩那個，會不會輸錢啊？是不是很靠運氣呀？」過去幾年，每當有人知道我是職業撲克玩家，十個有七個會問我這樣的問題。在繼續閱讀本書前，我想你或許想先知道為何職業選手可以長期獲利？為何需要頂尖牌手來教我們如何擁有更好的人生？

在任何遊戲中，如果你想要贏，首先得先搞清楚下面三件事：玩家有誰？有什麼策略可以選？不同策略的對抗，會出現什麼結果？

這是賽局理論的基礎。當你弄清楚以上三件事，便能一窺職業選手長期盈利最重要的關鍵：「期望值」。

你可以將期望值理解為，長期而言，每做一次該項決定會得到的平均結果。在一般人眼中，撲克遊戲有太多的不確定因子，因此不管怎麼打，好像運氣成分都很重。但在職業玩家眼中，每個決定背後都代表一個期望值。若是可以盡量準確評估，並總是選出期望值高的，長期就能盈利。

舉個簡單的例子，假設有一個遊戲是這麼玩的：甲與乙兩位玩家公平擲一枚硬幣，會有正面及反面兩種結果。若擲出正面，甲勝，乙要給甲一百元；若擲出反面，乙勝，甲要給乙五十元。對甲而言，五〇%機率會贏一百元，五〇%的機率會輸五十元，因此這遊戲的期望值是五〇%乘以一百，加上五〇%乘以負五十，結果是二十五元。意思是平均每玩一次，甲會贏二十五元。相對地，乙的期望值是負二十五元。這遊戲對甲來說是正期望值。

如果只玩兩次，甲有可能連輸兩場，輸一百元。但若是玩一萬次，基本上甲很難會是輸家。所以一般人覺得要靠運氣，是因為只注意到短期結果。但職業玩家了解，只要堅持做出正期望值的決定，長期下來一定能贏。

當然，真實的撲克遊戲並沒這麼簡單。除了結構更複雜之外，還有三個最大的困難點（這也正是作者厲害的地方）。

一、資訊是不完整的、不透明的：

在前述的簡單遊戲中，資訊是完整公開的，因此期望值的計算很容易，甚至靠著直覺都能選對。但德州撲克並不是這麼一回事。你不知道別人的牌、即將發出的牌、對手會做什麼反應。你需要做的是建立起一個評價模型，然後在很短的時間內，蒐集桌上一切可能有用的資訊，並且放入模型中，為你的每個選項評分。最後還要確保在高壓的狀態下，仍能做出理性的選擇！

二、即使做對了選擇，結果還是可能不好：

德州撲克中即使拿到最強的手牌，在翻牌前打到全進，也只有大約八〇%勝率。意思是說，一百次裡面，還有大約二十次是要輸的。這就是撲克中的運氣成分，也是為何作者認為人生就像撲克一樣，因為總充滿著「不確定性」。做對選擇，不代表結果會如你的意，機率只要存在，即使再小，就是會發生。

面對不確定的事物，人們可能會想逃避，想拖延，想規避損失，但職業玩家不被允許這麼做。雖然無法控制發出的牌，但可以選擇打好每手牌，人生何嘗不是如此？

三、**不利於學習的反饋迴圈：**

以前打職業撲克時，為了快速進步，我常會尋求國外教練的協助。記得有一陣子請了一名很厲害的國外玩家當教練，他的策略、思路、分析工具，確實顯著提升我的撲克能力。

不過還記得前面所說的「不確定性」嗎？做對了決定，不代表你短期會贏。好巧不巧，就在我上完課、全面修正策略的那一陣子，不論怎麼玩就是不會贏。這時挑戰來了，到底我是因為短期運氣不好呢？還是因為修正錯誤呢？在那個當下，其實是很難分辨出來的。

正常的反饋迴圈是：做了你覺得對的修正↓結果變得更好↓下次持續這麼做。考試就是這樣，不斷做題目再反覆檢討，分數將會提高。

但撲克的反饋迴圈是：做了你覺得對的修正↓短期結果受運氣影響↓滿頭問號。有時可能做對了修正，但因為短期結果不支持，讓人不敢再繼續下去。有時更慘，明明做錯了，但短期結果因運氣好贏了一大筆，這可能導致你整個觀念建立歪掉而不自知，這樣繼續走下走，未來通常會跌更大一跤！這種反饋迴圈，讓進步變得難上加難。

了解了以上三點，我們便能更了解本書的價值。有一個人能在如此困難的環境下持續戰鬥二十年，仍能持盈保泰，累積超過四百萬美元的獎金。若能將其做決定的思維模型拆解並學習，拿來應用在生活中，對任何人肯定都很有價值。作者安妮．杜克就是上述紀錄的創造者。在本書中她將揭露，如何將高勝算下注的思維模式應用到生活中，具體提升生活的各個面向。透過本書，你將學習到如何擁抱不確定性、如何建立一個好的評價模型，以及創造有助於成長的的反饋迴圈。

生活就是由一連串的決定所構成。做決定的品質影響生活的品質。即使我現在重心已轉往其他事業，但過去職業德州撲克帶給我的決策訓練，成為了創業過程中最重要的思維模型，並持續幫助我處理生活中大大小小的任務。本書毫無保留揭露頂尖玩家鮮少公開的思考方式，無論你是否玩牌，都將受益於本書，徹底重塑決策模式。我敢說這會是你人生工具箱中，最強大的武器之一！

前言
用下注思維提高決策品質

我在二十六歲時，曾自認為已規劃好未來。之前我就讀新罕布夏州一間著名的預備學校（prep school）①，而該校的英語科主任就是我父親。後來，我畢業於哥倫比亞大學（Columbia University），獲頒英語和心理學雙學位，接著攻讀賓州大學研究所，並領取美國國家科學基金會的研究生獎學金，最終獲頒碩士學位，甚至修畢認知心理學的博士班課程。

然而，我在完成博士論文前生了場病，因此辦理休學，離開賓州，步入婚姻，最後舉家搬到蒙大拿州的一座小鎮。可想而知，國家科學基金會獎學金根本不足以支付這項橫跨全美的轉大人實驗，因此我需要錢。當時我哥霍華德（Howard）是職業撲克玩家，早已打進世界撲克大賽（World Series of Poker）的決賽桌，他建議我去看看蒙大拿比林斯（Billings）的合法撲克比賽。這項提議並非隨口說說，我的家人喜愛打撲克彼此競賽，從小我就耳濡目染。

我哥曾數度帶我去拉斯維加斯度假，若只靠我微薄的獎學金，根本不可能成行。我看他打牌，自己也參加一些低籌碼牌局。

我立刻愛上了打撲克，並非是受到賭城閃爍燈光的吸引，而是因為在比林斯的「水晶殿」（Crystal Lounge）酒吧地下室裡，透過打牌與驗證自己牌技時而感受到的興奮刺激。雖然要學的東西還很多，我卻很高興能不斷自我精進。我打算在休學期間賺點外快，之後繼續從事學術研究，並將打撲克當作嗜好。

原本只想小試身手的我，不料竟成為專業玩家，還打了二十年的職業撲克。當我在二〇一二年退役時，已經贏得了一只世界撲克大賽金手鐲，並且獲得世界撲克冠軍聯賽（WSOP Tournament of Champions）和ＮＢＣ國家撲克冠軍杯單挑賽（NBC National Heads-Up Championship）的冠軍，並從各項撲克錦標賽中贏得獎金四百多萬美元。與此同時，霍華德又贏得兩只世界撲克大賽金手鐲、兩次名人堂撲克經典賽（Hall of Fame Poker Classic）冠軍、兩次世界撲克巡迴賽（World Poker Tour）冠軍，並獲得超過六百四十萬美元的錦標賽獎金。

①譯者注：準備升入高等院校的學生所就讀的私立中學。

若說我偏離了學術界轉換跑道，這說法似乎還算委婉。不過很快我就發現，與其說是離開學術圈，倒不如說我轉換到一個新的實驗室，去研究人們如何學習及做出決定。玩一手撲克大約只要二分鐘，但我在那過程中可能得做出二十項決定。每一手牌都有具體結果：贏錢或輸錢，每次的結果會立即對玩家的決策提供反饋訊息；然而這種反饋有點微妙，因為輸贏並不能明確反映決策品質。我們會因為手氣順而贏錢，也可能因為手氣背而輸錢，所以很難透過參考所有反饋訊息來學習。

蒙大拿州有些頭髮花白的農場主人，在賭桌上可能有條不紊地贏走我的錢；若我找不出提升牌技的實際辦法，就得破產走人。我在職業生涯初期非常幸運，遇到許多優秀的撲克玩家，向他們學習如何應付手氣好壞和不確定性，並了解學習和決策之間的關係。

從這些世界級撲克玩家身上，我真正了解到何謂「下注」：亦即對不確定的未來做決定。我暗自將決策視為下注，並因此能在不確定環境中找到學習機會。此外，將決策視為下注也讓我能避開常見的決策陷阱，以更合理的方式從結果中學習，並在下決策時盡量不受情緒干擾。

戰績輝煌的撲克玩家艾瑞克．賽德爾（Erik Seidel）是我的好友。由於他二〇〇二年婉拒了某場演講邀約，一名避險基金經理人便請我幫忙代打，與一群交易員分享可能適用於證券交易的撲克技巧。從那時開始，我陸續向許多行業的專業團隊發表演講，不斷內省自己從撲克比賽學到的技巧並加以精進，藉此幫助他人將這些技巧應用於金融市場、策略規劃、人力資源、法律和創業等方面的決策。

在此告訴宣布好消息：我們能找到切實可行的變通方法和策略，免於掉進擬訂決策與執行決策之間的陷阱。本書要告訴讀者，妥善運用下注的思維，能讓人在生活中做出更好的決策。你將更能區分結果品質和決策品質；發現說出「我不確定」時的力量；學習規劃未來的策略，在決策後保持心平氣和；建立及維繫共同追求事實的群體，改善自己的決策過程；回顧過去和展望未來，避免做出流於情緒衝動的決策。

運用了下注的思維，並不表示我就完成不受情緒影響，永遠能做出合理的決策。我依舊犯了許多錯誤（而且還會再犯）；畢竟我們都是人，絕對會犯錯、受情緒影響與遭遇挫折失敗。不過運用下注的思維可以讓自己「更加」客觀、準確和開放，只要長期採用這種方法，日積月累下來就能大幅改善生活。因此，本書並不是探討玩撲克的策略或如何賭博，而是分享我從撲克賽事中領悟到的學習和決策之道。在煙霧瀰漫的撲克房裡，我學到許多實用的解決方法，這些絕佳策略經過證明，適用於任何想成為更好決策者的人。

要學會運用下注的思維，首先得認識決定我們生命結果的兩件事：決策品質和運氣。所謂的下注思維，就是學習如何區分這兩者。

第1章

生活如同打牌，而非下棋——

擁抱不確定性，提高決策勝算

事後諸葛：把決策品質與結果相提並論

二〇一五年賽季美式足球聯盟的冠軍爭奪戰——第四十九屆超級盃（Super Bowl XLIX），在最後幾秒出現了史上最具爭議的戰術指令。當時距終場僅剩二十六秒，西雅圖海鷹隊落後四分，他們在新英格蘭愛國者隊的一碼線持球，準備進行第二次進攻（second down）①。人人都認為海鷹隊教練皮特．卡羅爾（Pete Carroll）會下令將球遞傳（handoff）給身為跑鋒的馬肖恩．林奇（Marshawn Lynch），使其達陣得分。在這種短碼數的局面下，怎麼可能不使用這種戰術呢？況且林奇又是美式足球聯盟最佳跑鋒之一。

不料，卡羅爾下令四分衛羅素．威爾遜（Russell Wilson）傳球（pass），結果新英格蘭隊截球成功，隨後贏得了超級盃。隔天的媒體頭條對此大加撻伐：

《今日美國》（*USA Today*）：〈美式足球聯盟有史以來最差勁的戰術指令。
西雅圖海鷹隊到底是怎麼盤算的？〉

《華盛頓郵報》（*Washington Post*）：〈超級盃有史以來最糟的戰術指令。
人們對海鷹隊和愛國者隊的看法將永遠改觀〉

福斯體育台網站（*FoxSports.com*）：〈西雅圖海鷹隊使用超級盃有史以來最愚蠢的戰術，可能從此一蹶不振〉

《西雅圖時報》（*Seattle Times*）：〈海鷹隊採用超級盃歷史上最糟的戰術而吞下敗仗〉

《紐約客》（*The New Yorker*）：〈海鷹隊教練在超級盃犯下嚴重錯誤〉

專家們都認為這項戰術愚蠢至極，完全無須辯駁，僅有一些零星評論認為，這項進攻指令即使不出色，也是在情理之中。班傑明·莫里斯（Benjamin Morris）曾經在數據新聞網站「五三八」（FiveThirtyEight.com）分析這項戰術，布萊恩·柏克（Brian Burke）也在線上雜誌《頁岩》（*Slate.com*）表達看法。這兩位都提出令人信服的論據，指出傳球完全合乎常理，同時考量到時間管理與賽末的層面。他們還指出，傳出的球幾乎不可能被攔截（當年賽季中，

① 譯者注：在美式足球場，除去兩邊達陣區，長度共有一百碼，進攻方必須在四次進攻機會中推進十碼以上，才能繼續進攻，否則就得攻守互換。一次進攻即一個 down。

在對手一碼線前的傳球進攻共有六十六次，沒有一次遭到截斷；而先前十五個賽季中，在這種情況下的被攔截率大約為二%）。

即使有些人抱持不同看法，批評依然排山倒海而來，將皮特・卡羅爾攻擊得體無完膚。無論你是否認同這些非主流分析，多數人都認為卡羅爾思慮欠周，或是批評他「根本」胡亂指揮。這裡出現一個問題：為何這麼多人如此堅決認為他錯得離譜？

總而言之就是一句話：戰術沒奏效。

倘若四分衛威爾遜傳球成功，讓隊友達陣得到六分而逆轉戰局，這些媒體標題都將改寫為「戰術精采」、「海鷹隊突襲成功，高舉超級盃」或「海鷹隊教練卡羅爾智取愛國者隊教練貝利奇克（Belichick）」即使傳球成功後沒達陣，海鷹隊在第三次或第四次進攻時得分（或沒得分），標題則會討論其他戰術，沒人會記得卡羅爾對第二次進攻下達的命令。

卡羅爾實在運氣不好。他可以掌控戰術指令品質，卻無法控制進攻結果，最後因發展不如預期而遭千夫所指。卡羅爾選擇的戰術極可能讓球隊達陣而獲勝，即使傳球出界或觸地，海鷹隊還有兩次進攻機會，能讓四分衛將球遞傳給跑鋒林奇。他做出了高品質的決定，卻得到糟糕的結果。

人們容易將決策品質與結果品質相提並論，卡羅爾就是因此受害。對此，撲克玩家之間流傳一句話——「結果論」（resulting）。當我開始打撲克時，經驗更豐富的玩家提醒我「結果論」的危險，並告誡我別因為幾手牌不順就改變策略。

卡羅爾心知肚明，批評者全都陷入「結果論」謬誤。他在四天後接受《今日秀》（*Today*）訪問時承認：「這是歷來戰術執行最糟的結果。如果我們接到了球，這戰術就很棒，一切都沒有問題，沒人會去質疑。」

為何人們如此不會區分運氣與技巧？明知無法控制結果，為何對此坐立難安？為什麼我們常認為最終結果與先前決策的品質息息相關？無論是分析別人的決策，或是回顧自己做的決定時，該如何避免掉進「事後諸葛」的陷阱？

陷入「結果論」，犯了「後見之明偏誤」

現在，先想想你去年做出的最佳決定，然後再想想最糟的決定。

我敢打賭，你的最佳決定帶來了好結果，而最糟的決定則導致了壞結果。

我認為下這項賭注穩賺不賠，因為「結果論」經常發生在我們周遭。作家與部落客會立即向大眾分析週日賽況，而許多人常會放馬後炮，在禮拜一評論四分衛的表現。根據我打撲克的經驗，「結果論」是常見的思維模式，人人無不受其困擾。一旦過度認為結果與決策品質關係密切，便會影響我們每天的決策，更可能產生影響深遠的不良後果。

我向企業主管提供諮詢服務時，偶爾會從這項練習開始：要求小組成員參加第一次會議時，簡單介紹他們去年做出最佳和最差的決策。我碰到的所有人都是提出最佳和最差的「結果」，而不是說出最佳和最差的決策。

在一群執行長和企業主的諮詢會議上，一名與會者指出，解雇公司總經理是他最糟糕的決定。他如此說：「自從我們解雇他之後，一直找不到合適的替代人選。我們後來又請了兩個人擔任總經理，但是銷售業績仍不斷下滑，公司狀況不佳。我們還找不到跟前任總經理同樣好的人選。」

這情況似乎很糟，但我相當好奇，便詢問這位執行長，為何他認為解雇總經理是很糟糕的決定（除了結果不好之外）。

他說明決策過程與決定解雇總經理的理由，「我們檢視了直接競爭對手和可以相互比較的公司，認為公司表現不如對手。我們認為自己應該有更優良的表現和發展，問題可能出在領導階層。」

我問他做決策時是否曾與那位總經理溝通，讓他了解自己的職能缺口，以及能夠如何改善。這位公司執行長確實曾與總經理一起找出問題，還聘請了一位主管顧問，幫助總經理提升他最欠缺的領導能力。

但在接受主管顧問協助之後，總經理依舊未能提振業績，於是公司便考慮拆分職責，讓他專注於自己的強項，將其他職責轉移給另一位主管。然而他們覺得這不可行，因為這可能會打擊總經理的信心，員工或許也會認為這是對總經理的不信任投票；而且讓兩個人分擔原本一個人便可勝任的職位，公司也得承受額外的財務壓力。

最後，這位執行長說明他們公司外聘高層人員的經驗，以及對現有人才的了解，分析起來足以合理認定，公司將能找到更好的替代人選。

我問了台下的高級主管：「有誰認為這是很糟糕的決策？」每個人當然都同意那間公司已經深思熟慮，並且根據當時所知的情況做出合理的決定。

這個案例感覺像是糟糕的結果，而非錯誤的決策。由於最終結果與決策品質間的關係不完美，導致這位執行長甚為苦惱，甚至不利於該公司的後續決策。這位執行長因為結果不佳就認為是自己的決策不對，並為此痛苦不已並深感遺憾。他明確表示，要是能更早知道「開除總經理會讓局面更糟」就好了。他後續的決策行為也反映出認為自己做了錯事。他不僅陷入「結果論」，也犯下雷同的「後見之明偏誤」（hindsight bias）。所謂「後見之明偏誤」，即是得知結果後，將之視為不可避免的事情。當我們說「早知道那件事會發生就好了」或「早知道事情會變成這樣就好了」，就陷入了「後見之明偏誤」。

我們之所以會有這種觀念，全是因為過度認定結果與決策息息相關。在評估過去的決策時，人們經常犯下這種錯誤。就像一堆人批評皮特・卡羅爾不該在超級盃的最後關頭下令傳球一樣，這位執行長也掉進「結果論」的陷阱，忽略了自己（和公司）仔細分析過局面，只著眼於糟糕的結果。最後由於決策沒有奏效，也因此把結果視為不可避免，殊不知那其實只是機率問題。

我在讓參與者找出最佳和最差決策的練習中，從未見過任何人提出「結果不差的錯誤決策」或「結果不佳的合理決策」。即使隨便都能看出決策與結果搭不上線，人們依舊認為兩者息息相關。一個人只要夠清醒冷靜，都不會認為「酒駕後安全返家」能代表「酒駕是好事」或「駕駛技術高超」。若是根據這項幸運結果而改變未來的決策，不僅相當危險，也是前所未聞（會這樣想的人，大概都是在喝得爛醉、顯然想自我欺騙的時候）。

而這正是那位執行長所做的事。他根據結果而非決策品質去調整自己的行為，就像認為自己喝醉時開車技術更好。

多數決定都是靠反射思維

批評皮特．卡羅爾的人和前面這位執行長，都表現出不理性的行為。如果熟悉行為經濟學（behavioral economics）②，應該不會對此感到意外。許多出色的心理學家、經濟學家、認知科學研究者和神經科學家潛心研究，出版了解釋為何人在決策時會受非理性因素干擾的好書，以下我簡單概述。

首先，人腦演化時會營造確定性和秩序的感覺。當我們發現生命被運氣主導時，總會感到不安。大家都知道運氣的存在，卻不願承認即使自己費盡心思，也可能無法如願以償的事實。我們情願把世界想像成有條有理，不會被隨機性顛覆一切，可以完全預料事態發展。人類演化時就是如此看待世界，為了生存下去，必須從混亂中營造秩序。人類祖先在非洲稀樹草原上聽到沙沙聲，隨後看見一頭獅子跳出來吃人，於是知道「沙沙聲」和「獅子」有關，因此日後一聽到這種聲響，就知道要拔腿逃命。人類這物種確實是靠著找出可預測的關聯而

② 譯者注：專門研究人的非理性行為，探討認知與情感的因素，以及個人和團體形成經濟決策的背後原因。

存活下來。邁可・薛默（Michael Shermer）是科普作家、歷史學家和懷疑論者，他在《輕信的腦》（*The Believing Brain*）一書中指出，人類歷世歷代（包含史前）都在尋找關聯，即使那些關聯是令人質疑或錯誤的。當風吹過草原時發出了沙沙聲，人類卻誤以為獅子來了，這種誤判稱為第一型錯誤（type I error），亦即錯誤肯定（false positive）；另有第二型錯誤（type II error），亦即錯誤否定（false negative）。第一型錯誤的後果通常沒有第二型錯誤的後果那麼嚴重，因為錯誤否定可能讓人賠上性命。想一想，如果我們祖先聽到沙沙聲時，總認為只是風吹草動，那人類早就滅亡了。

過去的人類不斷尋找確定性，因此得以存續至今。然而世界充滿了不確定性，這種行為很可能嚴重妨礙決策。當我們根據結果來回顧過去，試圖從中找出事發原因，就很容易掉進認知陷阱，例如：將只是相關的事情假設為有因果關係，或是篩選數據來佐證自己偏好的說法。透過扭曲事理、硬掰硬拗，營造出結果和決定緊密相關的幻覺。

大腦的不同功能會彼此競爭來掌控人的決策。諾貝爾獎得主與心理學教授丹尼爾・康納曼（Daniel Kahneman）在二〇一一年出版的暢銷書《快思慢想》（*Thinking, Fast and Slow*，天下文化出版），讓「系統一」（System 1）和「系統二」（System 2）這二種說法廣為人知。他將「系統一」描述為「快速思考」，能讓駕駛在看到有人從街上衝到車子前方時立即踩剎車。

這個系統包含反射、本能、直覺、衝動和自動化歷程。「系統二」則是「慢速思考」，讓人仔細選擇、集中注意力和耗費心神。康納曼解釋「系統一」和「系統二」如何分割與掌控人類的決策，但當兩者衝突時，便會帶來危害。

我特別喜歡心理學家加里．馬庫斯（Gary Marcus）所青睞的說法——「反射思維」（reflexive mind）和「審慎思維」（deliberative mind）。他在二〇〇八年出版的《組裝機：人類心智——隨機演化的結果》（*Kluge: The Haphazard Evolution of the Human Mind*）一書中寫道：「我們的思維可以分為兩股流勢，一股是快速、自動且大致上為潛意識的，另一股是緩慢、審慎和明智的。」第一個系統是「反射系統，論我們有無意識，它似乎會快速且自動完成任務。」第二個系統是「審慎系統……它會深思熟慮、考慮周到，並仔細斟酌狀況。」

這兩套系統的差異可不僅是名稱不同。自動化歷程源於大腦演化時較為古老的部分，包括小腦、基底核和杏仁核。「審慎思維」是從前額葉皮質運作。

加州理工學院行為經濟學教授柯林．坎麥爾（Colin Camerer）是頂尖的演說家及賽局理論和神經科學交叉領域的研究人員。坎麥爾向我解釋，人們以為能讓審慎思維去做決策以外的工作，這種幻想其實是很愚蠢的，他說：「人有專屬的前額葉皮質薄層，位於大腦的最上方。要讓這個薄層處理更多的事是不切實際的。」前額葉皮質不會控制人們每天做出的多數決定，我們根本無法從這個獨特的薄層中再擠出更多的好處。坎麥爾還告訴我：「它早已經負荷過度。」

這些大腦部位不會很快就改變。[3]人不是憑著意志力或有意識運用審慎思維，就能做出更多理性的決策。我們的審慎思維能力已經負荷過度，一旦發現問題，只能將思維工作交給大腦其他部位處理，這就好像你搬箱子時扭傷了背部，後面只能靠腿部肌肉來支撐體重。

「審慎思維」和「反射思維」對人類的生存和發展都有其必要。審慎系統處理我們想要達成目標的重大決定；但我們在實現這些目標時，多數決定都是靠反射思維處理。人類有通往自動化歷程系統的捷徑，才不會呆站在草原上，結果還在思考威脅聲響的來源時就被獅子咬死了。這些捷徑讓人類得以存活，而且經常協助我們做日常生活中成千上萬的決定。

我們需要捷徑，卻得為此付出代價。許多錯誤的決策是因為反射系統承受壓力，不得不快速且自動完成工作所致。沒有人會在早上醒來時說：「我不想聽別人的意見，也不想理睬他人。」不過當我們正專注工作卻有位頭髮蓬鬆的同事靠近，這時會發生什麼事？大腦會讓我們用不失禮的方式，靠著肢體語言和簡短的回應來擺脫他。我們不是故意這樣做，但事實上就是做了。萬一那位同事是想分享有用的訊息呢？我們已經拒人於千里之外，並且傾向排除與我們所知不同的任何訊息。

圖一　繆氏錯覺

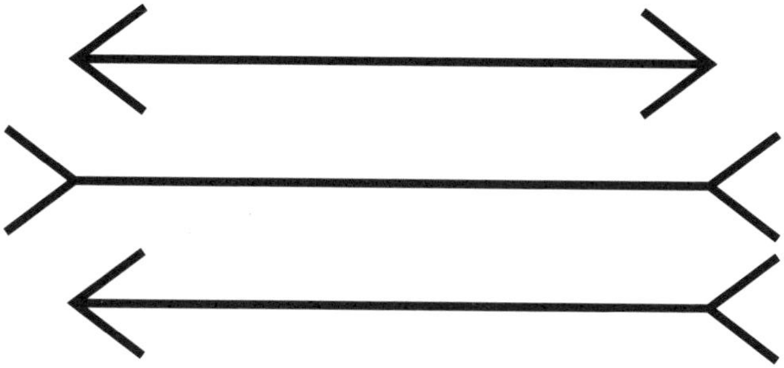

我們每天所做的事通常都存在於自動化歷程。我們有自己甚少檢視的習慣與痼癖，包括拿鉛筆的習慣或急轉彎避開車禍的動作。我們面臨的挑戰不是改變大腦的運作方式，而是想辦法用受限的大腦去工作。了解自己的非理性行為並想著改變是不夠的，這就如同知道自己正在看幻覺圖案，但無法讓幻覺消失一般。丹尼爾・康納曼使用著名的繆氏錯覺（Müller-Lyer illusion）來說明這一點。

請問圖一的這三條線之中，哪一條最長？大腦會向我們發出訊號，指出第二條線最長，但其實只要量一下，就會知道三條線一樣長。

我們可以透過測量線來確認它們長度相同（參圖

③ 作者注：嚴格來說，它們仍在持續發展，但速度不夠快，無法在我們有生之年帶來好處。

圖二　透過測量線可知三條線一樣長

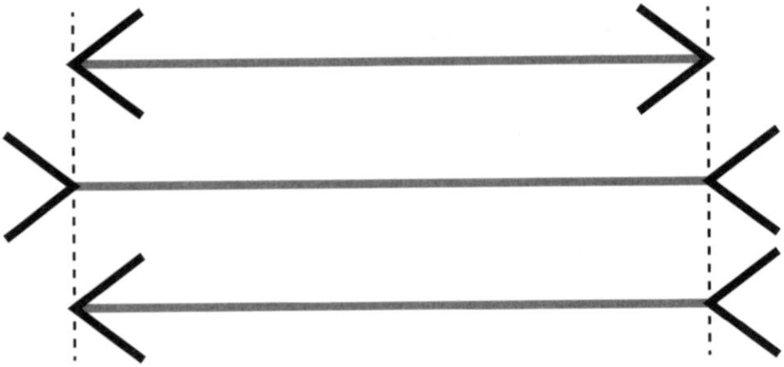

二），卻無法讓自己看不到幻覺。

因此，我們只能尋找實用的變通方法（好比隨身攜帶一把尺），並知道應該在何時用它來檢測大腦讓我們看見的事物。其實，打撲克可讓人找到執行決策的實用方法，並藉此達成目標。一旦了解到撲克玩家如何思考，便能知道如何處理職場、金融與人際關係上干擾決策的種種問題，甚至可以明瞭海鷹隊使用的傳球是否為絕妙的戰術。

如果你只有七十秒下決定

我們的目標是讓自己的「反射思維」去執行「審慎思維」的最佳意圖。撲克玩家不必學習背後的科學知識，就了解要協調這兩個系統有多困難。他們得在有限的時間內做出各種牽涉重大財務後果的決策，讓自己的「反射思維」能符合長期目標。因此，撲克牌桌是研究決策的獨特實驗室。

每一手牌至少需要做出一個決定（蓋牌退出或開始玩牌），在打某些牌時，可能需要做出多達二十項決策。在賭場的撲克牌局中，玩家每小時大約要打三十手牌，因此玩一手牌平均約兩分鐘左右，其中包括發牌員收牌、洗牌和發牌的時間。打一場撲克通常要好幾個小時，每一手牌都得做出很多決定。因此可以知道，撲克玩家在每一場撲克都得飛快地做出數百項決策。

礙於牌局規則，玩家不能因為做出決策後可能損失一大筆錢而以審慎思考拖慢牌局。如果某位玩家動作慢吞吞，另一位玩家可以按規則「催他出牌」（call the clock），這位陷入長考的玩家得在「七十秒」內下決定。從打撲克的角度來看，給人七十秒考慮已是極限。

每一手牌（亦即每一項決策）都牽涉輸贏。在比賽或高籌碼的賽局中，每項決策的輸贏金額，可能等同於三臥室房屋的平均價格；而玩家下決定的時間，則比在餐廳點餐的時間更短。即使是在籌碼較低的賽局中，不論玩家下什麼決定，都有可能輸掉賭桌上的多數或全部籌碼。

因此，職業撲克玩家必須熟練即時決策，否則無法生存。換句話說，要在短時間就得做決定的限制下，想方設法執行最佳意圖（亦即提前審慎思考）。要想靠打撲克謀生，就必須介入審慎和反射系統。這兩種系統會彼此衝突，而最棒的玩家必須知道如何協調它們。

此外，一旦比賽結束，撲克玩家必須從混亂的大量決策和結果中汲取教訓，區分運氣與牌技，分離噪音和訊號，防止自己陷入「結果論」，唯有如此才能進步，尤其是在相同的壓力以各種形式出現時。

想成為厲害的撲克玩家，如何處理做決策的困境遠比打牌天賦更重要。如果玩家無法做好決策，天分再高都毫無用處。要避免常見的決策陷阱，以合理的方式從結果中學習教訓，並在打牌時盡量不受情緒影響。

有些玩家天賦異稟，能在手氣好的夜晚大賺一筆；但如果沒做好決策，也會在手風欠佳時輸到破產。歷經大風大浪的撲克玩家們各有才能，而他們的共通點是：即使面臨打牌的各種局限，依舊能夠做好決策。

人人都在努力執行自己的最佳意圖。撲克玩家不僅面臨同樣的問題，還得應付時間壓力和迎面而來的不確定性，以及處理下注後直接輸贏錢財的挑戰。因此，從打撲克可以找出克服這些困境的創新方法。長久以來，學術界早已認可打撲克在理解決策方面的價值。

賽局理論是研究多數決策的基礎

科學家很難成為家喻戶曉的名人，因此多數人不知約翰．馮紐曼（John von Neumann）④這號人物，一點也不足為奇。

這真是太可惜了，因為馮紐曼是我的偶像，而每個想做出更好決策的人，都應該要效法他才是。馮紐曼是科學思想史上最偉大的人物之一，對決策技巧貢獻卓越，但這僅是他短短五十多生命的註腳而已（而且他是撲克玩家，這並非巧合。）

馮紐曼曾有二十年在各種數學領域做出貢獻，而以下是他生命最後十年所做的事：在曼哈頓計畫（Manhattan Project）中扮演關鍵角色；開創氫彈背後的物理學；開發第一代電腦；在二戰末期提出轟炸機飛行路徑與挑選轟炸目標的最佳規劃；創建「相互保證毀滅」概念（mutually assured destruction）⑤；提出整個冷戰時期生存的地緣政治（geopolitical）原則。

④譯者注：出生於匈牙利的美國籍猶太人數學家，為現代電腦的創始人之一。
⑤譯者注：一種軍事戰略，指對立雙方若有一方使用核子武器，彼此都會被毀滅，亦即「恐怖平衡」。

他在五十二歲時被診斷出罹患癌症，但依舊在第一個研究與開發原子彈的民間機構任職。即使飽受痛苦，但只要身體情況許可，馮紐曼依舊會坐著輪椅參加會議。

馮紐曼對科學貢獻卓著，也在流行文化中留下身影，成為美國導演史丹利・庫柏力克（Stanley Kubrick）末日喜劇《奇愛博士》（*Dr. Strangelove*）的主角原型：這名瘦巴巴的科學天才坐著輪椅，操著口音很重的英語，提出了相互保證毀滅的策略，不料卻出了岔子——某位瘋狂美國將軍未經授權便派出一架轟炸機，向蘇聯軍事重地投下核彈，結果美蘇雙方自動發射所有核子武器，導致了相互毀滅。

馮紐曼除了提出前述貢獻外，也是賽局理論之父。在結束曼哈頓計畫的正職後，他與奧斯卡・摩根斯坦（Oskar Morgenstern）攜手合作，於一九四四年發表《賽局理論與經濟行為》（*Theory of Games and Economic Behavior*）。

波士頓公共圖書館曾列出「二十世紀百大最具影響力書籍」，其中就包含《賽局理論》。威廉・龐士東（William Poundstone）出版過一本廣受歡迎的賽局理論書籍《囚犯的兩難：賽局理論與數學天才馮紐曼的故事》（*Prisoner's Dilemma*，左岸文化出版），表示《賽局理論》是「二十世紀最具影響力的書籍，卻最少人讀過它」，並在六十週年紀念版的前言指出，這本書當年如何立即被公認為經典。最負盛名的學術期刊紛紛發表評論，盛讚這本經典巨著是

「二十世紀上半葉主要的科學成就之一」，以及「只要再出版十本這類著作，經濟學必能長足進展。」

賽局理論顛覆經濟學，至少有十一位經濟學諾貝爾獎得主曾引用賽局理論及其對決策的影響，其中包括約翰．納許（John Nash，馮紐曼的學生）——奧斯卡獲獎電影《美麗境界》（*A Beautiful Mind*）便是講述其生平故事。除了經濟學外，賽局理論也廣泛應用於各種不同的層面，豐富了行為科學（包含心理學和社會學）、政治學、生物醫學研究、商業和許多其他領域。

曾因賽局理論獲得諾貝爾獎的經濟學家羅傑．梅爾森（Roger Myerson）曾如此簡單定義賽局理論：「研究聰明與理智決策者之間，衝突與合作的各種數學模型。」賽局理論是現代研究多數決策的基礎，以及解決變化條件、隱藏信息、機會和參與決策眾人所面臨的挑戰。聽起來是否很耳熟？

放心，我們不必了解賽局理論，只要了解其相關性即可。對本書來說重要的是，馮紐曼曾為撲克建構了簡單的賽局理論。

「下棋」非賽局，「打撲克」才是

在《人類的攀升》（*The Ascent of Man*）一書中，科學家雅各．布魯諾斯基（Jacob Bronowski）講述馮紐曼跟他在倫敦一起搭計程車時，是如何描述賽局理論的。當時愛好下棋的布魯諾斯基請教馮紐曼：「你的意思是，賽局理論就像下西洋棋嗎？」根據引述，馮紐曼如此回答：「不是，下棋不是賽局。下棋是一種明確的計算形式。你可能無法找出答案，但理論上必定有答案，任何位置都該有正確的程序；但真正的賽局根本不是如此。現實生活不是那樣，你必須虛張聲勢、耍些小手段，並猜想對手會認為你要怎麼做。這就是我理論中的賽局。」

我們在生活中做出的決策（例如：業務、儲蓄和支出、健康和選擇生活方式、撫養孩子和人際關係等層面的各項決定）就輕鬆吻合馮紐曼對「真實賽局」的定義。它們涉及不確定性、風險和偶爾的欺騙行為——這些顯然都是打撲克的常見元素。如果我們將生活決策視為下棋決策，麻煩將隨之而來。

下西洋棋並沒有隱藏的訊息，因此很少牽扯運氣。對弈雙方能看到場上所有棋子。棋子並不會從棋盤上隨機出現或消失，也不會突然從某個位置跳到別的位置。下棋時不用擲骰子，不會因為擲出了不利的點數，主教就被吃掉。一旦下棋輸了，肯定是技不如人，沒有下到或看出更好的棋步，理論上都能回顧自己犯了哪些錯誤。如果某人的棋力稍微高於對手，幾乎就能每戰皆捷（若持白棋先行），或者至少打個平局（若持黑棋後走）。排名較低的棋手很少能擊敗加里．卡斯帕洛夫（Garry Kasparov）、鮑比．菲舍爾（Bobby Fischer）和馬格努斯．卡爾森（Magnus Carlsen）等西洋棋大師。萬一出現黑馬，都是因為排名高的棋手明顯犯下客觀的錯誤，讓人有機可乘。

西洋棋雖然涉及複雜的戰術策略，卻不是良好的生活決策模型，因為生活的多數決策都包含了隱藏訊息，而且深受運氣影響，因此就衍生出下棋時不會遇到的挑戰：得找出決策相對的貢獻度，並看出運氣對結果的影響。

相較之下，撲克比賽「訊息並不完整」，是處於不確定情況下的決策賽局（恰巧類似賽局理論的定義），有價值的訊息隱而不露。由於任何結果都牽涉運氣，即使隨時做出最好的決策，仍可能會輸掉比賽，因為無法知道發牌員後頭會發出什麼牌，以及對手會打出哪些牌。牌局結束後若想從結果汲取經驗，也很難區分決策品質與運氣成分。

下西洋棋時，比賽結果與決策品質緊密相關。打撲克時則容易因為手風順而贏錢，由於牌運差而輸錢。如果生活就像下棋，那每次闖紅燈幾乎都該發生事故（或至少會被警察開單）。如果生活就像下棋，只要皮特．卡羅爾下令讓四分衛傳球，海鷹隊都會贏得超級盃。

然而，生活更像打撲克。解聘公司總經理可能是最明智、謹慎的決定，但結果仍可能一蹋糊塗。就算一個人闖了紅燈，依然可能安全通過十字路口；甚至另一人完全遵守交通規則和號誌，結果卻出了車禍。我們花五分鐘教新手撲克規則，然後讓他上桌與世界冠軍對賭。他可能只玩了一手或幾手牌，就擊敗了世界冠軍，這是在西洋棋界絕對不會發生的事。

打牌時得到的訊息並不完整，無論要瞬間做出決策或從過去汲取經驗，都顯得困難重重。各位可以試想，如果對手從不透露底牌，要判斷一手牌是否玩得正確有多難。假使我下注了，結果對手蓋牌認輸，我只能知道自己贏了籌碼，但到底是我這手牌真的打得很棒，還是打得很爛卻很走運呢？

如果想要在任何比賽（以及生活任何層面）都有所改進，就必須從決策結果中汲取教訓。人的生活品質是決策品質與運氣的總和。下棋時，運氣的影響有限，比較容易將結果當作決策品質的訊號。西洋棋手與理性更密切相關。一位棋手犯了錯，可以從對手的棋步看出他錯在哪裡，賽後也能分析犯錯的棋步，理論上總能找出正確答案。如果下棋輸了，只能說技不如人，無法找其他藉口。我們很少聽到棋手說：「我在比賽時被人坑了！」或「我下得很棒，但運氣不好輸了。」而在撲克比賽時，休息時間你若是到大廳去走走，通常會聽到很多玩家說這種話。

下棋就是這樣確定，但生活卻不是如此。生活更像是打撲克，充滿了不確定性，會讓人自我欺騙或曲解數據。打撲克有犯錯的空間，我們可能永遠不知自己犯了哪些錯，但因為贏了牌局，就不去想自己犯了什麼錯。有時我們打撲克每一步都做對，但最後還是輸了，看到結果就誤以為自己犯了錯。「結果論」是根據部分結果去推論決策是好是壞，下棋時可以用這種極合理的策略來汲取經驗；但打撲克或過日子絕不可如此。

馮紐曼和摩根斯坦明白，這世界不會輕易揭露客觀的事實。這就是為何他們會根據撲克來提出賽局理論。要做出更好的決策，首先得了解一點：不確定性可能危害甚廣。

資訊不完整如何害了決策？

《公主新娘》（*The Princess Bride*）最知名的場景之一，就是「恐怖海盜羅伯茲」（Dread Pirate Roberts）——為愛癡狂的維斯特雷（Westley）——追上了綁架巴特卡普（Buttercup）公主的主謀維茲尼（Vizzini）。「恐怖海盜羅伯茲」在先前的力量之戰勝過了巨人菲茲克

（Fezzik the Giant），然後擊敗劍士伊尼戈．蒙托亞（Inigo Montoya），於是向維茲尼提議兩人來場致命的鬥智，這場鬥智充分表明「不完整訊息如何危害決策」。羅伯茲拿出一包致命的艾爾騰粉（iocane powder），接著遮蓋兩杯酒，將那包毒粉倒進其中一杯酒，之後將一杯放在自己面前，另一杯放在維茲尼面前。等維茲尼挑選其中一杯後，兩人便同時飲酒，「看誰對誰錯，錯的就得死。」

維茲尼嘲笑道：「這太簡單了。我只要從對你的了解做判斷，以此便可推論你的想法。你會把毒藥倒入自己的杯子，還是放入敵人的杯中？」維茲尼說出一堆令人眼花繚亂的理由，指出毒藥不可能（或者必須）存在一個杯子裡，同時又在另一個杯子中。他大聲闡述何謂機智聰明，並預測誰比較聰明，還講述了艾爾騰粉的來源（罪惡之地澳大利亞），接著說明何謂不可靠並預測誰不可靠，以及推斷維斯特雷如何擊敗了巨人和劍士。

維茲尼以大放厥詞移轉維斯特雷的注意力，趁這機會調換酒杯，然後說兩人應該喝下擺在自己面前的酒。維茲尼拖延了一會兒，看到維斯特雷喝下酒，便自信滿滿地喝下另一杯酒，並狂笑道：「你犯了最典型的錯誤。最著名的錯誤是『絕對不要參與亞洲的陸地戰爭』；但另一個比較不為人知的錯誤是『絕不要跟西西里人對賭性命』。」

維茲尼笑到一半，突然倒地暴斃。巴特卡普公主說：「這麼說，原本是你面前的那杯酒有毒。」維斯特雷回答：「兩杯酒都有毒。我花了兩年讓自己不會被艾爾騰粉毒死。」

維茲尼跟我們一樣不知道全部的事實。他自認是無人能出其右的天才，還嘲笑道：「我這樣說好了。你這笨蛋聽過柏拉圖、亞里斯多德或蘇格拉底嗎？」他跟我們一樣，低估了自己不知道的許多實情及其影響。

假如有人問：「拋擲硬幣時，連續四次出現人頭的機率有多大？」

這問題應該很容易回答。只要計算連續拋擲硬幣四次（人頭與字機率各半）出現正面的機率，便可確定有六點二五％的機率（即五〇％連乘四次）。

但這樣做其實就犯了跟維茲尼同樣的錯誤。問題出在哪？我們對硬幣或擲硬幣的人並不了解，就推論出這答案。我們並不知道，這是雙面、三面或四面的硬幣。如果是雙面硬幣，會不會兩面都是人頭？若硬幣的正反是人頭與字，那硬幣會不會被設計得比較容易（但不總是）出現人頭？還有也許擲硬幣的人是魔術師，所以可能影響拋擲結果？雖然問題的訊息不完整，我們卻回答得如此自然，好像自己檢查過硬幣並知道一切似的。一般人絕不會想到兩杯酒都可能有毒（如果維茲尼能評價自己如何被毒死，應該會說這實在「難以想像」）。

如果那個人先擲硬幣一萬次，提供足夠的樣本數，我們便能稍微推斷硬幣是否正常，有沒有被動過手腳。但只有拋擲四次，根本不足以確認硬幣狀況。

當我們從人生經歷汲取教訓時，也會犯相同的錯誤。畢竟人生太短，能體驗的事不多，無法從個人經驗收集足夠的資料，並以此輕鬆判斷決策品質。如果我們買了一棟房子，稍微整修一下，三年後用比先前購屋高五〇％的價格出售，是否就代表我們很會買賣房產或修理房屋呢？可能如此，但也可能是因為整體市場正處於上升趨勢，隨便買賣房產都能賺到同樣多的錢；或是購買同一棟房子且不稍加修繕，也可能賺到同樣（甚至更高的）利潤。許多人先前低買高賣房子而獲利，結果在二〇〇七至二〇〇九年時就見識到真相而吃足苦頭。

因此，若有人問你，他拋擲一枚硬幣四次，出現人頭的機率有多少，你這時應該回答：「我不確定。」

運用不確定性反而能獲取優勢

我們會陷入「結果論」和「後見之明偏誤」。同樣地，如果只從結果來評估決策，做預期決策時便會遇到鏡像問題（mirror-image problem）。我們只會對任何決策嘗試一次（只拋擲一次硬幣），如此一來就會承受巨大壓力，認為行動前必須很篤定，於是會忽略隱藏訊息與運氣的影響。

創作過《公主新娘》、《戰慄遊戲》（*Misery*）、《虎豹小霸王》（*Butch Cassidy and the Sundance Kid*）的著名小說家兼編劇威廉・戈德曼（William Goldman），曾回顧與好幾名處於生涯顛峰的演員合作的經驗，其中包括勞勃・瑞福（Robert Redford）、史提夫・麥昆（Steve McQueen）、達斯汀・霍夫曼（Dustin Hoffman）和保羅・紐曼（Paul Newman）。

何謂「電影明星」？戈德曼引述某位演員的一句話，解釋這位演員想要扮演的角色：「我不想扮演要學習的人。我想扮演『知道一切』的人。」

每個人都不想說「我不知道」或「我不確定」，認為這種表達含糊不清且毫無益處，甚至刻意迴避。然而，常說「我不確定」其實是成為更好決策者至關重要的一步。我們必須習慣「不知道」。

不過要擁抱「我不確定」的觀念實在很難。求學時，我們被訓練得認為說出「我不知道」是件壞事。學生若是不知道，便是學習不彰。考試時若寫下「我不知道」，這答案一定就是錯的。

承認自己有所不知就會得到臭名，但其實不應該如此。當然，我們都鼓勵人們追求知識，但第一步就是要了解人並非無所不知。神經科學家斯圖爾特・法爾斯坦（Stuart Firestein）出版過《無知：它如何驅動科學》（*Ignorance: How It Drives Science*）一書，鼓勵人要承認自己所知有限，關於這點，不妨可以去看他的TED演講「對無知的追求」（The Pursuit of Ignorance）。法爾斯坦在書籍與演講中指出，「我不知道」在科學界並非失敗，而是獲得啟發的必要步驟。他引用物理學家詹姆斯．克拉克．馬克斯威爾（James Clerk Maxwell）說過的名言來支持這觀點：「徹底自覺無知，乃是每次科學真正進步的前奏。」而我想補充一句：「徹底自覺無知，乃是做出重大決定的前奏。」

所謂偉大的決策，並不表示有很好的結果。偉大的決策是一項良好過程的產物，那個過程必須包括我們曾努力地準確表達自己的知識狀態，而這種知識狀態就是「我不確定」的某種變化形式。

「我不確定」並不表示沒有客觀事實。其實，法爾斯坦認為，承認不確定性是達到目標、接近客觀事實的第一步。想要做到這點，就不能將「我不知道」和「我不確定」視為禁忌並敬而遠之。

何不將「我不知道」的定義從負面思維（說「我不知道」或「我對此毫無所知」，感覺似乎是缺乏能力或信心）轉變成中性思維？不妨認為這樣說只是承認，雖然我們知道某些事發生的可能性，但並不確定在特定情況下事情的結果。這正是事實，若我們能接受這點，就不會覺得說出「我不確定」有那麼糟。

撲克玩家和優秀決策者有個共通之處，就是都認為這世界充滿不確定性、無法預測。他們知道自己無法確知結果並接受不確定性；不努力去追求確定性，而是試圖弄清事情有多不確定，並從中推估出現不同結果的可能性。這些推估能有多準確，取決於他們掌握多少訊息及有多老練。

在決定一手牌會贏或輸的機率時，經驗豐富的撲克玩家肯定比新手玩家更能準確預判。前者更會算牌，也能根據其他玩家持某種牌型時的出手模式，從中推估對手有哪些牌；甚至清楚對手拿這些牌時會如何出牌。因此，經驗更豐富的玩家會縮小可能性。然而，即使撲克玩家有這種能力，也無法確知某一手牌的結果。

任何領域都是如此。專業的出庭辯護律師比新手律師更能推測不同策略的成功率，然後以此來挑選策略。我們跟以前遇過的對手談判時，更能評估該採用何種策略。專家鐵定比菜鳥更具優勢。然而，老鳥和菜鳥都無法確定下次拋擲硬幣時會出現哪一面。老鳥只是比菜鳥猜得更準一點。

我們的最佳選擇通常不會有特別高的成功率。出庭辯護律師處理棘手案件時，也許所有挑出的策略都更傾向失敗（而非成功）。在那種情況下，律師的目標是找出各種可行策略，然後盡量評估每項策略的成功率，最終挑選出最不差勁的策略，以便盡量替客戶提高判決結果的品質。任何企業都是如此，新創企業很難成功，但員工都會盡全力試圖找出最佳的求勝策略，即使各種策略都不太可能讓公司成功，但仍然值得一搏，因為報酬可能非常巨大。

我們為何要擁抱不確定性？為何擁抱不確定性就能成為更好的決策者？原因有很多，以下列舉兩個。首先，「我不確定」更準確呈現這世界的模樣。其次，接受「我們不確定」的觀念時，比較不會掉進「非黑即白」的思維陷阱。

不妨想像一下，你踏上一個傳統的醫療磅秤。它有兩個計量條，一個是以五十磅（約二十二點七公斤）為間隔的槽口，另一個槽口以一磅為間隔。如此一來，使用者測量體重時就可精準到「磅」的程度。萬一醫生使用的磅秤只有一個計量條，而且只有兩個槽口，一個位於五十磅，另一個位於五百磅（約兩百二十七公斤），根本無法測量中間的體重。在這種情況下，替你稱重的人在表格上寫下某個數值時，你大概只能自求多福了，因為醫生不是將你判定為病態肥胖，就是認為你體重過輕。這麼差勁的方式，必定無法針對你體重做出良好決策。

所有決策都是如此。若以錯誤的方式展現世界，使其位於正確與錯誤兩個極端，沒有保留中間的灰色地帶，就無法做出良好的決策，包括該如何分配資源、該做出何種決定，以及該採取何種行動。

要想在這世界成功，訣竅是承認自己不確定，而且這樣做是沒有問題的。我們現在更了解大腦如何運作，並知道沒有人能客觀地看待世界；然而，我們應該「嘗試」去做到這一點。

重新定義「錯誤」

我參加慈善撲克牌錦標賽時，經常會在決賽桌上發牌並即時提供評論。決賽桌充滿歡樂的氣氛，因為參賽者都度過了漫漫長夜，總算可以鬆一口氣。賭桌旁邊通常圍著一大群人，包括選手的朋友和家人，默默支持他們或開口幫忙打氣。如果有人喝酒，就會……出現酒後喧鬧的場面。每個人都玩得很開心。

當玩家將所有籌碼丟入底池（pot）時，那一手牌便不能再下注。他們全押之後便會翻牌，將牌面露出，然後我再發剩餘的牌。圍觀群眾會覺得很有趣，因為此時可以看到每位玩家有哪些牌，氣氛也愈來愈緊張。我看到朝上的牌面，便能推斷每位玩家的獲勝機率，並宣布每一手牌最終贏錢的機率。

我在某場賽事中告訴觀眾，某位玩家有七六％的機率贏錢，另一位則有二四％的機率獲勝。我繼續發牌，當最後一張牌發出時，那位二四％機率贏錢的玩家獲勝了。有人歡呼，有人嘆氣，而群眾中有人喊道：「安妮，妳犯了錯誤啦！」

我跟他一樣，高聲解釋自己沒有錯，說道：「他有二四％機率獲勝。機率不是〇％。你得看到二四％這部分！」

玩了幾手牌之後，又發生幾乎相同的事。二位玩家都把籌碼全部下注，並將牌面朝上，一位玩家的獲勝機率為一八％，另一位則有八二％的贏錢機率。不料，全押時原本牌型較差的那位手風很順，最後贏錢了。

此時，同一個傢伙又喊道：「哇，一八％竟然能贏錢！」在那一刻，他領悟並改變了自己對「錯誤」的定義。在事先考慮各種結果的發生機率，並以此做出決定後，萬一某件事出乎意料，並不表示我們犯了錯，那只是表示在一系列可能發生的事件中，某件事確實發生了。

不妨試試你能多快改變自己對「錯誤」的定義。一旦這樣思考，便不會因為看到（不如意的）結果就妄下論斷，或是說出「我就知道」或「早知道……就好了」之類的話。你將能做出更好的決策，並且善待自己。

民眾經常對機率思維的「成功」或「失敗」做出「非黑即白」的論斷。英國在二〇一六年六月投票脫離歐盟，也就是所謂的「脫歐」，那是極不可能出現的結局。彩票經銷點先前看好「留歐」，但並不表示他們認為「留歐」方會獲勝。賭注登記經紀人的責任是確保押任何一方的賭注額相等，以便讓輸家賠贏家錢，自己則抽取佣金。他們的目標是不對結果產生任何影響，並據此來調整賠率。賭注登記經紀人的賠率反映了市場觀點，也就是人們對「什麼結果合理」的最佳集體猜測。

然而，即使是見多識廣的人都不免陷入「結果論」，有些人看到民眾投票脫歐之後，紛紛宣稱賭注登記經紀人犯了錯誤。某間瑞士銀行的首席策略師接受《華爾街日報》（*Wall Street Journal*）訪問時指出：「賭注登記經紀人從未犯過這麼嚴重的錯誤。」美國極著名的律師兼教授艾倫・德肖維茨（Alan Dershowitz）也犯了相同錯誤，他在二〇一六年九月時宣稱，很難預測川普與希拉蕊的大選結果，並如此說：「不妨想想英國脫歐的投票結果。幾乎所有民意調查——包括詢問民眾票投誰家的出口民調——全都錯了。金融市場錯了，賭注登記經紀人也錯了。」

德肖維茨就像是賭桌旁邊的圍觀者，並沒有看到重點。任何預測只要不是機率為〇%或一〇〇%，都不能因為最可能發生的事沒有發生，就說那項預測是錯的。在那場慈善錦標賽上，只有二四%獲勝機率的玩家在決賽桌贏錢時，並不表示先前推估的機率不準確。獲勝機率甚小的玩家偶爾確實會贏錢。指責設定賠率的人或認為賠率本身有誤，其實是誤以為某些事注定會發生，而沒有預料到的人都犯了錯誤。

同樣的事也發生在川普贏得美國總統寶座後。當時民眾嘩然，指責民意調查是錯誤的。創立數據新聞網站「五三八」的統計學家兼作家納特．西爾弗（Nate Silver）更是飽受批評，然而他可從未說過希拉蕊穩贏。西爾弗根據民調數據的總合與加權，在選前一週推算川普當選機率介於三〇%至四〇%（也就是大約在二比一與三比二之間）。事件出現率若有三〇%至四〇%，就會經常發生。

我在錦標賽生涯中，曾贏過許多機率二比一的劣勢牌局，而且次數多到數不清。我在這類情況下通常都身處險境，輸了牌就會被淘汰，贏了牌則可獲得一大票彩金，甚至奪下錦標賽冠軍。我能深刻體會，一個玩家即使有六比四或七比三獲勝機率，依然很有可能輸牌（當然，機率反過來也一樣）。由於西爾弗看好希拉蕊會當選，所以不少人便說他預測失靈。我當時在想：「這些人手裡沒對子就把籌碼全丟入底池，結果因為對手有順子而輸得精光。」更可能的是他們曾遇過這種事，但不知道三〇%或四〇%的機率也可能獲勝。

決策就是對未來下注，我們不能因為在特定情況下出現的某個結果，便認為決策是「正確」或「錯誤」。若是像前面提到的那位執行長與皮特．卡羅爾，事前考慮了替代方案及其可行性，然後適切地分配資源，即使最終出現不樂見的結果，還是不能說自己的決策有誤。舉例來說，一開始我因為拿到最好牌型（一對 A）而下了大注，後來卻輸了；若事後為此懊悔不已，不斷自責不該這樣豪賭，這樣做其實很荒謬，因為這是「結果論」。

從機率的角度來思考，比較不會看到不良結果就認為自己做了錯誤決策，因為知道我們可能是做出正確決策，但礙於運氣不佳且（或）訊息不完整，以致結果不如預期（而且樣本數只有一個）。

我們或許只有一些不太好的選擇方案，沒有一項能得到好結果，但也只能盡量做出最佳的決定。

我們或許為了圖大利而投入資源去冒大險，結果卻無法如願。

我們或許根據現有的資訊做出最佳選擇，卻無法探得最關鍵的訊息。

我們或許選擇了一條很可能成功的道路，但因為運氣不佳而失敗。

或許有更好的選擇，然而我們的選擇無關對錯，只是介於好壞之間。次佳的選擇沒有錯。根據定義，它比排名第三或第四的選擇更正確（或更不錯誤）。就像診所的磅秤一樣，除了肥胖或厭食症兩個極端外，中間另有許多選項。大部分我們做出的決定，在「絕對正確」和「絕對錯誤」之間存在很大的空間。

當我們跳脫只有正確或錯誤這種兩極對立的世界，便活在極端之間的連續區域中。想要做出更好的決策，不是著眼於對或錯，而是評估各種灰色地帶。

若能在事前準確掌握事實，最容易重新定義「錯誤」。前面我提過，慈善錦標賽決賽桌的玩家會翻開牌面，或者在拿到最好的起手牌型時全押籌碼，此時就沒有隱藏的訊息，我們可以明確估算。若能完全掌控訊息，並根據估算結果去分配資源（下賭注），自然更能知道：「雖然結果不理想，但我沒有犯錯，不應該改變策略。」當我們知道機率時，能合理解釋運氣的影響，這種感覺就更像下棋。

若在運氣影響之外添加了隱藏訊息，將更難體會前述的觀念，這點毫無疑問。如果我們不能看到硬幣的實際模樣，便容易認為事情的結果是判斷對錯的唯一訊息，並且更可能宣稱：「我早就告訴你了！」或「早知道……就好了！」而此時人們通常不會心懷慈悲，不妨看皮特・卡羅爾被罵得有多慘就知道了。

重新定義「錯誤」，便不會因為結果不如預期而痛苦。但這也表示我們得重新定義「正確」。如果我們不因失敗而認為自己犯錯，也不能因事情順利而自認正確。這種心態上的權衡取捨，是否讓人情緒更穩定呢？

做對事的感覺非常良好。「我是對的」、「我就知道」、「我早就說了」。說這些話確實讓人感覺很棒。不過我們是否該拋開「正確」的良好感覺，以便從「錯誤」的痛苦中解脫？當然要這樣做。

首先，這世界充滿變數，加上運氣的影響，就不可能準確預測事態發展，而各種隱藏的訊息都可能讓事情變得更糟。若不改變想法，只會不斷犯錯，因為心態也是影響結果的因素之一。

打撲克可以學到這種教訓。好玩家即使比同桌對手厲害許多，能做出良好決策，但八個小時下來仍有四〇％的情況會輸牌。那表示出現許多的錯誤。而這種情況並不局限於撲克。最成功的創投公司投資者通常都會投資失敗。如果你申請美國航太總署（NASA）的太空人計畫或美國國家廣播公司（NBC）的實習計畫（這兩項計畫只提供少數職缺，卻有數千人申請），就算沒犯錯，得償心願的機會也很低。如果你連談戀愛都必須成功，那最好別墜入愛河，甚至別去約會。因為若從結果來評判自己，傷心難過的機會可多著呢！所以千萬別掉入這種陷阱。

另一個是錯誤帶來的傷害往往大於感覺良好的快樂。丹尼爾・康納曼和認知心理學家阿摩司・特沃斯基（Amos Tversky）曾針對損失規避（Loss aversion）提出論述（這是康納曼提出的前景理論其中一部分，並因此於二〇〇二年獲頒諾貝爾經濟學獎）。對人來說，失敗的痛苦通常比獲勝的喜悅強烈大約兩倍。因此在玩二十一點時，贏一百美元的快樂等同於輸五十美元的痛苦。做對事就像贏錢，做錯事如同輸錢，所以每失敗一次，就必須成功兩次，心態才能平衡。既然失敗比勝利更能刺痛人心，為何不過得安穩一些，別讓心情起伏不定？

你準備像偉大的決策者一樣，張開雙臂擁抱不確定性了嗎？你準備好要重新定義「錯誤」了嗎？你準備好去體認自己總是在猜測，並根據這些猜測來分配自己的資源嗎？你要習慣去調整心態，好事將會隨之而來。你要開始體認，人一生都在不停下注。

第2章

你要打賭嗎？——用下注的思維打破僵化信念

你願意打賭三萬美元，搬到陌生之地住三十天嗎？

在一九九〇年代，有位靠頭腦與技巧打撲克和撞球謀生的玩家名叫約翰．漢尼根（John Hennigan），他從費城搬到拉斯維加斯。約翰很早就聲名鵲起，綽號「強尼世界」，因為他牌技高超，願意對任何東西下注。他身經百戰，證明自己天賦異稟，是高籌碼賽局的傳奇人物，曾在主要撲克錦標賽中贏過四只世界撲克大賽金手鐲、一次世界撲克巡迴賽冠軍，獲得超過六百五十萬美元的獎金。

約翰和拉斯維加斯簡直是天造地設。他的生活步調在抵達時早已契合賭城的節奏——白天睡覺，整晚狂歡，與喜歡冒險且志趣相投的夥伴玩撲克、打撞球、上酒吧和餐廳。他很快就找到一群興趣相投的職業賭徒，其中許多人來自美國東岸。

雖然和賭城是天作之合，但約翰對這種生活卻是愛恨交織。以打撲克為生，看似可以自由安排作息；但若著眼於每小時的淨利潤，就得投入時間打牌。玩家雖然能隨時「自由決定」玩或不玩，但不得不「打卡上班」。更糟的是，最好的牌局通常都在晚上，因此還得上大夜班。撲克玩家會與外界脫節，看不到太陽，而且工作場所煙霧瀰漫，連戶外也看不見——約翰對此深有感觸。

某天晚上，約翰參加一場高籌碼撲克賽局。玩家在每手牌之間會彼此閒聊，不知為何談到了愛荷華州首府德斯莫恩（Des Moines）。約翰從未去過那裡，也很少看過中西部景象，因此對那裡的生活感到好奇——那是他愈來愈陌生的「正常」生活（亦即在早晨醒來的白天生活）。

由於約翰晝伏夜出，其他玩家一想到他要生活在似乎與拉斯維加斯完全相反（至少他們如此認為）的地方，便取笑他：「那裡沒地方賭博。」「酒吧很早就會打烊。」「你不會喜歡那個地方啦！」大夥整晚都在談論約翰能否在那陌生之地過活。

撲克牌玩家談論假設性話題時，總會想下注賭個輸贏。要讓約翰離開賭桌，搭飛機飛往德斯莫恩，需要下多大的賭注呢？如果他接受賭注，又應該在當地住多久呢？

其他玩家和約翰商討後拍板定案：約翰得在德斯莫恩待一個月。這時日不算短，但也不是永世流放。就在約翰有意願離開賭城，前往一千五百英里（約兩千四百一十四公里）外的陌生城市時，其他玩家又加上更嚴苛的條件：他必須只能在德斯莫恩的某條街上活動，而那條街只能有一家旅館、一間餐廳與一間酒吧，而且所有店家都得在晚上十點打烊。無論地點在哪，任何人被強迫如此無所事事都很有挑戰；但約翰孤家寡人且年輕氣盛，又是玩高籌碼的賭徒，這賭注根本是要折磨他。約翰指出，如果大家讓步，他就接受挑戰：至少讓他可以在附近的高爾夫球場練習揮桿和打球。

商定條件之後，仍然得談判賭注的大小。其他玩家必須提出讓約翰接受賭注的金額，但數目又不能太大，免得約翰就算待不下去也會咬牙苦撐。約翰是拉斯維加斯最會賺錢的玩家之一，若是待在德斯莫恩一個月不賭錢，可能會損失六位數的彩金；但如果這些玩家給約翰太多待在德斯莫恩的好處，他肯定會忍受在當地生活的不適和無聊。

最後他們對賭了三萬美元。

約翰考慮了兩種截然不同且相互牴觸的方案：接受賭注或不接受賭注。每個方案都有新風險和新獲利機會。如果他接受挑戰，有可能贏或輸三萬美元（假如他拒絕，留下來賭博可能贏或輸更多錢）。如果他搬去德斯莫恩，能夠練習打高爾夫球，藉此改善賭高籌碼高爾夫球的技巧，就算這次對賭結束，他仍可以獲益。此外，他也可以以此贏得「願意賭任何東西」及「無所不能」的名聲，對職業賭徒而言，這是有利可圖的資產。約翰還得考慮其他比較無法量化的事，他會多喜歡當地的生活節奏？該如何評估這次對賭的空窗期？體驗了更傳統的作息之後會更放鬆嗎？移居後一個月不能打撲克牌，彩金損失慘重，這是否值得？還有其他的未知數，比如可能在愛荷華州那條街上遇到今生摯愛。約翰必須將這一切與離開拉斯維加斯的機會成本相互權衡：少賺的彩金、無法享受喜歡的夜生活，甚至不在的那個月可能無法在老牌飯店夢幻殿（Mirage）遇到愛人。

結果，「強尼世界」搬到了德斯莫恩。

要這位專門玩高籌碼賽局的賭徒遠離賭城夜生活一個月，這樣截然不同的生活模式到底是福氣還是災難？

約翰只在那過了兩天，就了解到那是一場災難。他從德斯莫恩的旅館房間打電話給與他對賭的其中一位牌友，打算進行談判。在商業訴訟中，對簿公堂的雙方在審判前常會私下磋商，而在賭徒之間的協商談判也很常見。特別有趣的是，約翰一開口便是要其他人「付他」一萬五千美元，以免他們輸掉全部賭金並受到侮辱。他宣稱，既然自己來了德斯莫恩，必定能待滿一個月而贏得全部賭注。

但其他賭從不信，因為約翰「才去兩天」便來電談判，看起來他們顯然不僅能贏得賭注，還能在約翰「坐牢期間」不斷挖苦他（這簡直樂趣無窮）。

不到幾天，約翰同意「支付」一萬五千美元來結束這場賭注並返回賭城。這場賭局引人注目，而約翰印證了「外國的月亮比較圓」這句俗諺。

換工作、搬家也都是賭注

在約翰．漢尼根移居德斯莫恩的事件中，最好笑的莫過於「兩天之後，他懇求結束賭局」這一點，讓本次對賭成為賭博界的經典傳說。然而，這句令人發笑的妙語掩蓋了一件事，亦即人們「經常」做出是否該搬遷的基本分析。「強尼世界」決定搬到德斯莫恩，普通人則會決定是否要搬家或換工作，兩者間唯一的不同是：約翰和其他撲克牌玩家明確指出，做出移居決定，就是要賭什麼最能改善他們的生活品質（無論是在財務、情感或其他方面）。

約翰考慮了兩種截然不同且相互牴觸的未來生活：接受賭注，搬去德斯莫恩住一個月；或者不接受賭注，繼續待在拉斯維加斯。我們思考是否要因為換工作而搬遷時，也會考慮搬家後能否賺更多錢，以及維持現狀又會如何。新工作的薪水與現在的薪水相比如何？除了金錢，我們還重視許多事物，像是可能想搬到更喜歡的地方，即使少賺點錢也無妨。無論短期是否有好處，新工作能否提供更好的升遷機會和發展？新舊工作在薪資、福利、就業安全和工作環境上有何差別？新職務又是如何？離開熟悉的城市、同事和朋友，會放棄什麼呢？

我們必須像約翰一樣，盤點接受賭注的潛在好處和壞處。雖然約翰不見得會贏或輸三萬美元的賭注，他決定移居與我們決定換工作或搬家是一樣的。人們決定換工作時，薪資通常都會視情況而定。許多企業的薪資包括獎金（紅利）、股票選擇權或按表現好壞提供的報酬。即使多數人換工作時不必擔心會損失三萬美元，但不可否認的是，每項決定都有風險。即使薪資固定，也沒有百分之百的「保障」：可能會被解雇，或（如同約翰）倦勤而離職，甚至公司可能會倒閉。轉換工作（尤其跳槽到薪資極高的職位），就得投入精力，難免會疏於與家人相聚而影響家庭生活，這種妥協要付出高額代價（即使不是全盤皆輸）。

此外，無論何時我們選擇某個方案（換新工作或搬到德斯莫恩一個月），都會自動拒絕通往別種未來的其他選項，而那些局面可能比目前選擇的道路更好或更糟。放棄任何選項，都得付出潛在的機會成本。

如果約翰確實在德斯莫恩住了一個月，與他對賭的玩家就得賠三萬美元。這些賭徒如同提供工作機會或花錢營造誘人工作環境的雇主，都會去考慮類似的因素。他們向約翰下注時得尋求平衡點：提議必須好到能吸引約翰，然而也不能太好，否則鐵定要賠三萬美元。

雖然雇主不會引誘員工辭職，但也要提供合適的待遇，讓員工願意留下來工作。雇主得找出平衡點，提出吸引人的薪資和福利，但也不能給過頭而侵蝕了獲利。雇主也會希望員工忠於職守、長時間賣力工作，並且保持高昂士氣。雇主可能會（也可能不會）在公司提供幼兒托育服務，這種措施會鼓勵某些人增加工時……但也有可能嚇跑某些求職者，因為這暗示他們得犧牲下班的休閒生活。提供有薪假會讓職缺更吸引人，但這跟提供免費餐飲和健身設施不同，容易鼓勵員工放假休息。

聘雇員工如同下注，並非毫無風險。用錯人（下錯了賭注）可能要損失一大筆錢（如同那位解雇總經理的執行長）。招聘成本可能很高，提供職缺都牽涉機會成本，你只能提供一個人「這個」工作機會。也許你沒聘用伯納・馬多夫（Bernie Madoff）[1]，不必付出慘痛代價；但可能沒聘到比爾・蓋茲而無法獲益。

約翰・漢尼根的故事看起來很不尋常，因為一開始玩家就在討論德斯莫恩的情況，然後有個人接受賭注之後，隔天就搬去那裡。不過這種情況確實會發生，因為你得下注來支持自己的信念，以行動支持自己的看法。我認為這故事看似瘋狂，但諷刺的是，其基本分析卻非常合乎邏輯：不同的人對各種方案、後果和機率抱持不同的看法。撲克玩家會將決策視為下注，明確知道自己對不同的未來做出抉擇。他們也知道沒有簡單的答案，因為有些事情是未知或根本不可知。本書要告訴各位：若能仿效撲克玩家，明確知道決策等同下注，一旦了解非理性因素可能阻止我們做出有利自己的事，就能做出更好的決策與預測未來（並因此採取保護措施）。

做任何決定都是在下注

我們對下注的傳統觀念非常狹隘：賭場、體育賽事、彩券，以及根據某件事的有利結果與別人對賭。不過「賭注」這詞的定義其實非常廣。《韋氏線上大字典》（*Merriam-Webster's Online Dictionary*）如此定義「賭注」：考慮「可能發生的事」而做出的「選擇」；嘗試去做或實現某些事時要冒失去（某些東西）的「風險」，以及基於事情會發生或真實的「信念」而做出「決策」。我特別強調了更廣泛卻常被忽略的賭注層面：機率、選擇、風險、信念和決策。從這個定義可以看出，不一定要在賭場或與人對賭時才能下注。

無論遠離熟悉的撲克牌賭桌或賭場多遠，人做決策時都在下注。我們經常從不同方案中做選擇、將資源置於風險中、評估發生不同結果的機率，以及考慮自己重視什麼。每回做出決策都得採取行動，而根據定義，就無法針對其他方案採取行動。不對某物下注，本身其實就是一種賭注。選擇去看電影，就是選擇不在這兩個小時內做其他事。當我們接受一個新職

① 譯者注：前美國金融界經紀人，曾設立投資騙局的掛牌公司。

缺，就等於放棄其他選項：不能保留現在的工作、不能透過談判來提高目前工作的待遇、放棄接受其他職缺的機會、不能轉換職業跑道，或是稍微休息一下。不論選擇哪一條路，總得付出機會成本。

在某些情況下，決策的下注元素（選擇、機率和風險）會更為明顯。投資顯然就是下注，而對於股票的決策（購買或不買、賣出或持有，更別說深奧的投資選擇）就涉及善用財務資源的選擇。我們礙於訊息不完整或無法掌控各種因素，做投資選擇時無法很篤定。只能評估自己可以做的，理清自認為最能賺錢的投資，最後去執行決策。同理，決定不投資或不出售股票也是在下注。這些都跟我玩一手牌時下的決策一樣：蓋牌（fold）、不下注（check）、跟進（call）、下注（bet）與加注（raise）。

我們或許會認為對小孩的教養不是下注，但它確實是賭注。我們希望孩子快樂長大，成材之後踏入社會。我們受限於有限的資源（時間不足、金錢有限、關注不夠），無論何時做出教養選擇（管教紀律、營養吸收、就讀學校、育兒理念與居住之地）都是在下注：認為這樣做會讓孩子更有發展。

換工作和搬家都是下注；銷售談判和簽訂合約也是下注；買房子也是下注；點餐選雞肉而不選牛排也是下注……做一切事情都在下注。

多數下注都是與未來的自我對賭

在賭博界，下注就是零和遊戲：「與別人」（或賭場）對賭，輸贏都是對稱的，一人獲勝，另一人就失敗，兩人勝負總和等於零。這種觀念根深柢固，因此人不會下意識認為決策就是下注。下注包括前述的賭博情況，但範圍不僅如此。

我們的多數決策不是與另一個人對賭，乃是跟「所有未來沒選擇到的自己」對賭。我們不斷在各種未來間做決定：要看電影或打保齡球，或者待在家哪裡都不去。我們也可能換一份在德斯莫恩的工作或決定繼續做目前的工作，也可能先休息一段時間。無論何時下決策，都在對尚未發生的未來下注。我們賭的是，下決策之後，未來會更美好。我們做決策，就是與各種未來的自我對賭，希望獲得的回報（以金錢、時間、快樂、健康和我們當下重視的價值來衡量）高於放棄的東西。

當你做出決定之後，是否曾後悔：「那時不該這樣選擇的！」那是另一個未來的你在說話：「你看，我早就告訴你了！」

不過皮特．卡羅爾下令第二次進攻時傳球之後，倒不需要有個自我批評的內心的聲音，當時海鷹隊的球迷一起大吼大叫：「你叫威爾遜傳球，就賭錯了未來！」

如何確定自己選擇了最適合的方案？如果另一種方案會讓我們更快樂或滿足，甚至讓我們賺更多錢，那該怎麼辦？當然，我們無法確定答案。不受控制的事物（運氣）會影響結果，我們只可想像「可能發生的」未來。未來還沒有發生，我們只能根據所知，盡量猜測未來的情況。如果我們從未住在德斯莫恩，如何確定自己一定會喜歡那裡呢？當我們做出決策，便是在一系列可能發生與不確定的未來之間做選擇，賭上我們珍惜的事物（快樂、成功、滿意、金錢、時間和聲譽等），這就是風險所在。

撲克玩家活在風險明確的世界。他們對不確定性處之泰然，下決策時會先考量風險。決策時若忽略風險和不確定性，短期可能會感覺良好，但之後可能因為決策品質低落而付出慘痛代價。假使一個人能適應不確定性，便可以更準確地看待世界並過得更好。

下注是信念的具體展現

經典情境喜劇《辛辛那提WKRP電台》（*WKRP in Cincinnati*）有一集名為「贈送火雞」。劇中的搖滾電台中年經理卡爾森先生（Mr. Carlson）想證明自己能好好宣傳電台名聲，於是派資深新聞記者萊斯・內斯曼（Les Nessman）前往當地的購物中心，實況報導他即將推出的贈送火雞活動。

電台DJ強尼・費爾（Johnny Fever）中斷節目，播放內斯曼的「現場報導」。內斯曼便開始播報，說頭頂上飛來一架直升機。接著有人從直升機丟出某些東西。內斯曼說：「我還沒看到降落傘……那絕不可能是跳傘的人，但我不知道是什麼。哇，天啊！那些是火雞！一隻火雞剛剛打穿路邊汽車的擋風玻璃！真是太恐怖了……哎呀，我的媽呀！這些火雞像一袋袋水泥一樣摔到地上！」內斯曼眼看群眾即將產生騷動，趕緊趁機溜走。回到電台後，他講述卡爾森如何讓直升機降落，然後發送剩餘的火雞；但火雞卻開始反擊他。

卡爾森回到電台，他全身的衣衫破爛，並且沾滿羽毛。他說道：「天地可鑒，我原本以為火雞是會飛的。」

我們基於自己對世界的信念而打賭。皮特・卡羅爾在超級盃上命令在愛國者隊的一碼線之處傳球，乃是根據自己的信念下決定：四分衛羅素・威爾遜完成傳球的機率、傳球被攔截的機率，以及四分衛被擒殺或衝撞對方後達陣的機率。卡羅爾握有數據且經驗豐富，必須將這些運用於那種特殊情況。他得考慮愛國者隊會如何防守，猜想愛國者隊的教練比爾・貝利奇克會如何組織防守，以免被跑鋒利用跑陣衝抵得分線。然後，皮特・卡羅爾根據這些信念去做選擇，採取了最佳的戰術。他賭傳球進攻最好。

前面我們提過的那位執行長，他根據本身的信念而解聘總經理，結果痛苦不已。他做出決定前曾根據多項信念：公司與對手的業績比較、總經理對業績的貢獻與傷害、總經理提升績效的可能性、將總經理職務交由兩人分擔的成本與好處，以及找到替代人選的機率。他賭解聘總經理最好。

約翰．漢尼根則是賭自己能適應德斯莫恩。人會依照信念下注：哪種品牌的汽車最能保值、評論家對我們想看的電影的批評是否言之有物，以及員工若在家工作會表現如何。

好消息是，部分的生活「技能」來自於學習如何校準信念。我們透過使用經驗和資訊客觀地更新自己的信念，並藉此更精準地表達世界。信念愈準確，愈能在更好的基礎上下注。無論抱持何種信念，思維模式若會讓人誤入歧途，還可以運用其他技能，找到或提出能契合（或彌補）思維模式的策略。某些有效的策略可讓人敞開心胸、更為客觀，同時讓信念更準確，在決策和行動上更理性，並且更包容自己。

然而，我們必須先知道一個壞消息。就如《辛辛那提WKRP電台》的卡爾森先生所學到的教訓，一個人抱持的信念，很可能錯得離譜。

「耳聞為憑」是人性

我在專業會議上演講時，偶爾會談論人們如何形成信念。我會問聽眾：「有誰知道如何預測某個男人是否會禿頭？」我會點某個舉手的聽眾，通常他會說：「看那個人的外公是否禿頭。」大家也都會點頭同意。我接著再問：「有誰知道如何將狗的年齡換算成人類的年齡？」差不多都會聽到大家說：「乘以七。」

這些流傳廣泛的信念其實都不準確。如果你在網路上搜尋「常見誤解」，其中最常見的謬誤就是對禿頭的迷思。《每日醫學網站》（*Medical Daily*）在二〇一五年指出：「禿頭的關鍵基因在X染色體上，這是從母親那裡遺傳的。然而造成禿頭的原因不僅是基因。某個男人的父親若是禿頭，他會比父親頭髮濃密的男人更容易禿頭……科學家指出，只要家族中有人禿頭，你也可能難逃劫數。」

狗與人類間的年齡比例雖然廣為流傳，實際卻毫無根據，從十三世紀以來人們的口耳相傳，逐漸根深柢固而牢不可破。我們是從哪裡得到這些信念的？為什麼它們違反科學和邏輯，卻還是這般穩如泰山？人習慣隨意建構信念，聽到什麼便相信什麼，根本不會私下查證對錯。

以下是「我們認為」自己如何形成抽象信念：

（一）我們聽到了什麼。
（二）我們思考並審核耳聞的事，確定它是真是假。
（三）然後我們形成自己的信念。

但我們「其實」是這樣形成抽象信念：

（一）我們聽到了什麼。
（二）我們相信那是真的。
（三）如果有空閒或意願，我們偶爾會去思考並查證聽聞的事，確定它到底是真是假。

哈佛大學心理學教授丹尼爾．吉伯特（Daniel Gilbert）出版過一本著名的書《快樂為什麼不幸福？》（*Stumbling on Happiness*，時報出版），也曾在保德信金融集團的電視廣告中擔綱主角。吉伯特針對信念的形成提出開創性的論述。他在一九九一年的一篇論文中，總結了數世紀以來對這項主題的哲學和科學研究：「大量研究文獻都證明了一項觀點：人類是輕信的生物，容易去相信，很難去質疑。其實，相信是非常容易的，或許這不可避免，以至於相信更像非理性的理解，而不是理性的評估。」

兩年之後，吉伯特和同事做了一系列的實驗，證明人類傾向於相信自己聽到或讀到的資訊是對的；即使這些訊息後來被證明是錯的，人們依舊會堅信不疑。在這些實驗中，研究對象閱讀一系列關於刑事被告或某位大學生的陳述。這些陳述以顏色註記，明確標示它們是真是假。研究對象若處在時間壓力下，或者稍微分散注意力而增加其認知負荷，在回憶陳述是真是假時，就會犯下更多的錯誤。然而，這些錯誤並不是隨機的。研究對象不太會忽略某些標記為「真實」的陳述，而且同樣信賴某些被標記為「虛假」的陳述。他們犯的錯誤都呈現一種趨勢：無論承受何種壓力，這些研究對象不理會標記是真是假，都會假設那些陳述是真實的。這便證明人的預設傾向是認為自己聽到的都是真的。

這就是為什麼我們會認為禿頭基因是從外祖父遺傳而來的。其實我是在寫這本書時，才去調查這種說法是否正確。如果你一樣相信前述的說法，是否曾親自去查證過呢？當我詢問聽眾這問題時，他們通常會回答這只是耳聞而來，卻不知道是從哪裡或聽誰說的；然而，人們非常確信這是事實。上面所說應該足以證明，人形成信念的方式非常愚蠢。

人有許多非理性特質，而我們信念的形成也如同這些特質，乃是受到演化的驅動影響，追求效率而非準確性。抽象的信念形成（亦即直接經驗以外的信念，可透過語言來表達）可能是專屬於人類的少數特質，從演化過程來看是比較新穎的機制。在語言出現之前，人類的祖先只能直接經歷周圍的物質世界，以此來建構新的信念。對於來自直接感官體驗而產生的感知信念，假定自己的感官不會說謊，這是十分合理的做法，畢竟眼見為憑。如果你看到眼前有一棵樹，此時去懷疑這棵樹是否存在，就是在浪費認知能量。其實人若懷疑自己看到或聽到的事物，結果可能就是被掠食者吃掉。就生存的關鍵技能來說，第一型錯誤（錯誤肯定）比起第二型錯誤（錯誤否定），較不會讓人賠上性命。換句話說，人寧可追求安全，也不想命喪九泉，尤其在懷疑「是不是獅子讓草叢發出沙沙聲」時。當生命受威脅，人不會高度懷疑自己直接經歷的事。

人不查證事實就形成信念

隨著複雜的語言逐漸發展，人不必親自經歷事物也能形成信念。如同吉伯特所說：「大自然不會從頭開始；她是非常頑固的審判員兼操縱者，只會把舊機制改一改就蒙混過去，很少去產生新機制，把事情做得更好。」因此，人早已擁有的系統是（一）體驗事物；（二）相信它是真實的；（三）可能（甚少）會在日後提出質疑。雖然知道應該去質疑氾濫的二手訊息，但我們仍受制於舊的系統（這是大量研究與文獻的簡單總結。若想參考精采的概論，強烈建議可以去閱讀吉伯特的《快樂為什麼不幸福？》、加里．馬庫斯的《組裝機：人類心智——隨機演化的結果》，以及丹尼爾．康納曼的《快思慢想》。

只要上Google快速搜尋一下，就會知道我們抱持許多不正確的信念。一般人不會透過Google去調查以下事情的真偽，各位讀者，有雷慎入！（一）美國南北戰爭時期，北方軍陸軍少將阿布納．達博岱（Abner Doubleday）根本沒有發明棒球；（二）人類可以運用大腦的所有部分。書商為了販售自我成長書籍，宣稱人只有使用一〇%的大腦；這項胡扯的論點已被神經成像和腦損傷研究反駁。（三）以前到美國的移民，並沒有在艾力斯島（Ellis Island）自願或被迫將自己的名字美國化。

某些無關緊要的普遍信念顯然是錯的，但這也許沒什麼大不了。然而，當我們在決定寵物是否該接受治療時，應該不會用假公式替狗兒換算年齡，而是相信獸醫應該更清楚才對。然而，根據前面說明形成信念的普遍過程，有可能影響會產生重大後果的領域；在打撲克時，這種信念過程十分可能會讓玩家輸一屁股錢。玩家從德州撲克（Texas Hold'em）學到的第一件事，就是要根據自己的牌桌位置與上一家的動作，學習從兩張各樣的起手牌決定要繼續玩或蓋牌。②當德州撲克在一九六〇年代剛出現的時候，專業玩家想出一些欺騙手法，就是讓中間的牌有連續的數字和花色（例如：方塊六和方塊七），在撲克術語中，這種牌稱為「同花連牌」。

有了同花連牌，就可以湊成厲害的順子或同花暗牌。專業玩家會在少數情況下玩這種類型的牌：亦即在損失不大的情況下蓋牌認輸，或是雖然沒湊成順子或同花，也能透過虛張聲勢成功偷雞；甚至在後續的牌局中，當自己真的順利湊成連牌時，可以引誘起手牌似乎比較大的玩家掉入圈套，因此大賺賭注。

不幸的是，「用同花連牌大贏或小輸」的說法在這些年來傳開後，竟沒有人運用精妙的牌技去發揮，或在少數情況下靠這種牌型大賺一筆。當我在研討會教人如何打撲克時，多數學生都堅信，只要起手就拿到同花連牌，鐵定可以賺到錢。我問他們為何這樣想，總會聽到「大家都這樣想」或「我老是在電視上看到有同花連牌的玩家大賺一筆」這種回答。然而，被我問的人都沒記錄過自己拿到同花連牌時賺或賠多少錢。我說：「去記錄一下，然後跟我回報你發現了什麼。」你絕對想不到，跟我回報的玩家都發現，他們持有同花連牌的輸贏結果，合起來竟然是賠錢。

數億人也會用同樣的方式去形成信念，例如：認為低脂肪飲食有益健康，並為此賭上生活品質和壽命。有一代美國人大致根據某些（製糖工業祕密資助）研究計畫所提的建議，減少了二五％從脂肪攝取的卡路里，改以碳水化合物來補充熱量。美國政府修改食物金字塔，納入六至十一份碳水化合物，同時建議大眾少吃脂肪。這鼓勵食品工業（熱烈奉行）使用澱粉和糖來生產「低脂」食品。

大衛．路德維希（David Ludwig）是哈佛醫學院（Harvard Medical School）教授與波士頓兒童醫院（Boston Children's Hospital）醫生。他曾在《美國醫學會雜誌》（*Journal of the American Medical Association*）發表文章，文中總結用碳水化合物代替脂肪的成本：「跟預期相反，總卡路里攝取量大幅增加，肥胖率增加三倍，第二型糖尿病的發病率增加數倍。此外，即使服用更多預防性藥物與施行手術，數十年來持續下降的心血管疾病案例數已持平而不再

---

② 作者注：德州撲克開始時，每位玩家都會拿到兩張不公開的暗牌。第一輪下注後，所有額外發的牌都是牌面朝上的公用牌。如果各輪下注結束後還剩兩名（以上）玩家，看誰持有最好的牌型就獲勝。所謂牌型，就是由兩張暗牌加上期間發出的公用牌所組成。當玩家最初決定下注時，還有三輪下注機會以及要發五張公用牌。即使有許多牌尚未發出，但一開始就持有兩張大的底牌仍有明顯的優勢。最好的起手牌當然是一對A，最差的是一張七搭配另一張不同花色的二。

減少，並且有可能重新攀升。」低脂飲食就是我們飲食習慣的同花連牌。

人傾向認為事情是「真實的」，但若能不斷根據新訊息來調整信念，混亂的信念形成過程就不會產生那麼多問題。可悲的是情況並非如此，人不查證事實就形成信念；即使接收到明確的糾正訊息，仍然會堅持信念。

一九九四年，賀蘭．強森（Hollyn Johnson）與科里．塞弗特（Colleen Seifert）在《實驗心理學雜誌》（*Journal of Experimental Psychology*）報導一系列實驗的結果，提到研究對象閱讀倉庫火災消息的反應。如果研究對象讀到起火點附近有一個壁櫥，櫥內放置油漆罐和加壓氣瓶，他們會根據得到的資訊去推論兩者的關聯。研究對象讀了五則消息後收到更正資訊，得知原來壁櫥內空無一物。然而，後來他們回答火災問題時，仍會提到油漆罐燃燒會散發有毒煙霧，並指責有人為疏失，不該將易燃物品放在附近（其實你只要體會過，撤回與事實有出入的錯誤新聞根本無濟於事，就不會對這項實驗結果感到訝異）。

所謂「求真」，就是無論真相是否符合目前的信念，仍渴望獲知真相。然而，求真與人類處理資訊的方式扞格不入。我們可能認為自己心胸開闊、思想開明，能夠根據新訊息調整信念，但研究結論證明人並非如此。我們不會改變自己的信念來契合新訊息，反而會改變對訊息的詮釋方式，好迎合本身的信念。

信念影響一個人處理訊息的方式

大學美式足球賽季即將結束，所有人目光都聚焦於激烈的競賽中。某個最受歡迎的球隊正在主場出賽，截至當時他們已打出二十二連勝，即將創下連續兩個賽季不敗的紀錄。最受矚目的是進攻明星迪克．卡茲梅（Dick Kazmaier）。卡茲梅被奉為英雄，是學校歷來最傑出的運動員。他曾榮登《時代雜誌》（*Time*）的封面，正努力爭取全美和其他季後賽榮譽。然而造訪的客隊不想默默被擊敗。他們雖然賽季成績平平，卻以作風頑強聞名。誰也沒料到，這場比賽竟然會鬧得紛紛擾擾。

時間是一九五一年十一月二十三日，地點在普林斯頓大學的帕爾默體育館（Palmer Stadium），由達特茅斯學院（Dartmouth）對上普林斯頓大學，這場美式足球賽名垂青史，成為經典賽事之一，也標誌著常春藤聯盟（Ivy League）體育某個時代的終結，並成為開拓性科學實驗的主題。③

③ 譯者注：常春藤聯盟是美國東北部地區的八所私立大學組成的體育賽事聯盟。這些名校歷史悠久，其中包括普林斯頓大學和達特茅斯學院。

先說比賽結果：普林斯頓贏了，十三比零。這個結果不用質疑，但整場賽事卻齷齪無比，充滿暴力且不斷判罰。達特茅斯因為判罰而多推進了七十碼，普林斯頓也靠罰球多前進了二十五碼。④一位跌倒的普林斯頓球員被人踢了肋骨；一名達特茅斯球員摔斷了腿，另一名球員腿部受傷。卡茲梅受到腦震盪且鼻樑斷裂，在第二節離場（他在終場前又回到賽場，賽後坐在隊友肩上繞場一圈慶祝勝利。幾個月後，卡茲梅成為中最後一位贏得常春藤聯盟最高榮譽海斯曼獎（Heisman Trophy）的球員）。

比賽結束之後，兩所學校的校刊社論瘋狂批判對方。有兩位心理學教授對此感到震驚，並認為這是很好的機會，可以研究信念如何顛覆人們處理共同經驗的方式。達特茅斯的阿伯特．哈斯托夫（Albert Hastorf）和普林斯頓的哈德里．坎特里爾（Hadley Cantril）收集了報紙的報導，取得賽事影片，讓各自的學校學生觀看影片，最後請他們填問卷去計算和描述比賽雙方的犯規行為。這兩位心理學教授在一九五四年發表一篇論文「他們觀看了比賽」，其實這篇論文應該稱為「他們觀看了兩場比賽」，因為根據問卷內容與描述，兩所學校的學生彷佛看了兩場不同的比賽。

哈斯托夫和坎特里爾翻閱兩地報紙的社論與實況報導，從中收集達特茅斯學院對普林斯頓大學賽事的證據。《普林斯頓人日報》指出：「兩隊都有錯，但達特茅斯必須負最大的責任。」《普林斯頓校友週刊》指責達特茅斯的最後一擊，讓卡茲梅結束大學的美式足球生涯，也指稱他們看見一名普林斯頓球員倒地後被踢了肋骨。與此同時，《達特茅斯日報》的社論抨擊普林斯頓的教練查利．考德威爾（Charley Caldwell）。那篇社論指稱，考德威爾看到「普林斯頓偶像」受傷之後，「立即向球員灌輸老舊的態度：看看對手幹了什麼好事，還不趕快去教訓他們。他的訓斥果真奏效。」文中還提到有兩名達特茅斯球員在第三節時腿部受傷。《達特茅斯日報》下一期列出了己方的明星球員，指稱普林斯頓球員利用類似的「集體陰謀」阻撓這些球員進攻。

當兩位研究學者讓學生看賽事影片並要求他們填寫問卷時，學生也表達分歧的意見。普林斯頓學生認為，達特茅斯比普林斯頓犯下兩倍的嚴重犯規及三倍的輕微犯規。達特茅斯學生則指出兩隊的違規次數相同。

哈斯托夫和坎特里爾總結：「我們不會簡單地對事情『做出反應』……會根據自己面對事情時抱持的觀念來行動。」信念會影響人如何去處理新事物。「無論所謂『事物』是美式

④ 譯者注：多數判罰是把球向犯規方的達陣區退後一定的碼數。

足球賽事、總統候選人、共產主義還是菠菜。」

耶魯大學法律與心理學教授丹．卡漢（Dan Kahan）是「偏見推理」（biased reasoning）的頂尖研究員和分析家。他在二〇一二年的《史丹佛法律評論》（*Stanford Law Review*）中發表一篇研究報告，名為「他們看到了抗議」，這標題是向哈斯托夫和坎特里爾的最初研究致敬。他的四位同事們陸續強調這觀點，亦即人的信念會驅動自己處理訊息的方式。

在這項研究中，兩組研究對象觀看了警方遏制示威活動的影片。其中一組被告知有人在某間墮胎診所外聚集，抗議合法墮胎；另一組則被告知在某間大學生涯輔導（安置就業）機構出現示威群眾，起因是軍方正在進行面試，而示威者抗議當時不准士兵公開性傾向的同性戀禁令。兩組人看的是相同的影片，但內容有經過仔細編輯，模糊或隱藏了實際抗議的主角。研究人員先詢問研究對象的世界觀，收集相關訊息，之後詢問他們看到的事實與所下的結論。

結果呼應了哈斯托夫和坎特里爾在六十年前發現的結果：「我們的研究對象都看了相同的影片。抗議者為了說服別人而強烈表達不滿，或是利用肢體恐嚇去干擾他人自由，但研究對象『看到了什麼』，取決於抗議者的立場與研究對象的文化價值是否一致。」無論是美式足球比賽、示威抗議或其他事，我們既定的信念都會影響自己體驗世界的方式。然而，人構成信念的過程並非井然有序，所以決策時難免犯下各種錯誤。

用信念下注，會導致嚴重後果

人在形成和更新信念時有缺陷，而且情況可能雪上加霜。一旦構成信念，我們便很難擺脫它。信念會自我繁衍，引導人去注意並尋找證實本身信念的證據，而不會質疑或確認證據是否正確，並且會忽略或努力詆毀和自我信念矛盾的各種訊息。這種周而復始的訊息處理模式是非理性的，稱為「動機性推理」（motivated reasoning）。我們處理新訊息的方式會受到自己的信念驅使，進而強化本身的信念；強化後的信念又會驅使我們處理相關的進一步訊息。

某次撲克牌錦標賽中場休息時，一名玩家和我分享他如何打一手同花連牌，然後詢問我的意見。由於我沒親眼見到這手牌，他簡述自己如何暗地使用方塊六和方塊七，與倒數第二張牌組成同花，沒想到「倒楣透頂」，另外一位玩家用最後一張牌湊成了比同花還大的葫蘆。

由於休息時間只剩下一、兩分鐘，我便問了自認最相關的問題：「為什麼你想打方塊六和方塊七的牌型？」（當時我心想，他即使提出簡單的解釋，也會從各方面去說明自己如何決定打這種牌型，並講到這種策略是否能賺到錢，比如賭桌位置、彩金數量、籌碼多寡、對手風格，以及同桌玩家如何看待他的風格等。）

他很惱火地說：「這不是事情重點！」根據動機性推理，那些確實都不是當事人的重點。

人都會輕信某些事物，而一旦相信了就會想保護信念，引領自己去處理與該信念相關的進一步資訊。假新聞與假消息如今愈來愈氾濫，或許更能說明這種情況。所謂假新聞，就是刻意製造假故事，從中竊取金融或政治利益，這概念已經存在了數百年，個中的傳奇人物包括大導演奧森・威爾斯（Orson Welles）、編輯約瑟夫・普立茲（Joseph Pulitzer）和美國報業大王威廉・藍道夫・赫茲（William Randolph Hearst）。假消息則有別於假新聞，它包含了某些真實的元素，只是加油添醋地組成特定的講法。假新聞會有效果，因為人們的信念若與流傳的故事一致，便不會去質疑證據；假消息更為強大，因為擁有可查證的事實，讓人誤以為它已被審核，所以更能向外傳播。

假新聞並不意味著改變頭腦。我們知道信念很難被改變，而假新聞可以鞏固目標觀眾抱持的信念，並加以強化，而網路是動機性推理的樂園。在網路上我們可找到更多元的訊息來源，也能獲取更多觀點；然而，我們會親近那些契合本身信念的訊息來源，用以強化自我信念。儘管外頭充斥各種言論，我們依舊熱愛自己最愛的論點。

更糟的是，許多社交媒體網站會根據人們的網路行為，展示更多他們喜歡的內容。作家伊萊・帕理澤（Eli Pariser）在二〇一一年出版了《搜尋引擎沒告訴你的事》（*The Filter Bubble*，左岸文化出版），他在書中創造了「過濾氣泡」（filter bubble）一詞，描 Google 和臉書這類公司如何運用演算法，推著我們走向自己早已踏上的道路。演算法蒐集我們的搜尋字串與瀏覽紀錄，彙整我們朋友與往來通信人的類似資料，以此找出我們的偏好，並顯示對應的頭條新聞和連結。有了網路，我們雖能隨手獲取各種觀點，但其實更快進入一種同溫層。無論政治取向為何，人人都無法倖免。

那些最受歡迎的網站，不斷替我們做出動機性推理。⑤

我們即使直接面對與本身信念牴觸的事實，也會忽視它們。正如丹尼爾．康納曼所指出，人只想要自我感覺良好，相信自己過著正面積極的生活，而「犯錯」絕對不符合這種思維。當我們認為信念只有「完全正確」或「完全錯誤」時，一旦遇到與自己的信念衝突的新訊息，就只有兩種選擇：（一）大幅調整看法，從「完全正確」轉變為「完全錯誤」，或是（二）忽視或駁斥新訊息。一般人發現自己犯了錯會感覺很差，所以通常會選擇（二）。與我們信念牴觸的訊息會攻擊我們的想法，所以必須努力消除這種威脅；另一方面，只要發現與我們看法一致的新訊息，大概都會毫不猶豫地接受它。

⑤ 作者注：持平而言，在二〇一六年的美國總統大選之後，臉書和其他網站便不斷想解決這個問題。

人們容易抱持並死守信念，一旦賭上這些信念，很可能會導致嚴重的後果。我們通過會根據自己的信念去下注：相信誰最可能成為好總統；相信自己會喜歡德斯莫恩；相信遵循低脂飲食身體會更健康；甚至相信火雞會飛。

人愈聰明，偏見盲點愈深

大家普遍認為，一個人愈聰明，愈不容易被假新聞或假消息蒙蔽。畢竟聰明人更能分析並有效評估訊息來源，不是嗎？所謂「聰明」，就是善於處理訊息，解析論點的品質和來源的可信度。因此照理說聰明人應該能察覺到動機性推理的問題，而且更能抵擋它。

然而，令人訝異的是，聰明人其實會抱持更深的偏見。不妨可從另一個直觀的角度來解釋：一個人愈聰明，愈能構建支持自己信念的論述，將數據合理化和架構化，用以迎合本身的論述或觀點。畢竟，在政治領域的接待會中發表言論的人通常都非常聰明。

二〇一二年，心理學家理查・韋斯特（Richard West）、羅素・米瑟（Russell Meserve）和基思・斯坦諾維奇（Keith Stanovich）檢視了「偏見盲點」（blind-spot bias）。這是一種非理性行為，讓人容易發現別人的偏見，卻無視自己的偏見。總體而言，這些學者的論文指出認知偏差千奇百怪，而人人都有盲點，無法看見自己的偏見。驚人的是，人愈聰明，偏見盲點愈深。他們測試七位研究對象的認知偏差，發現認知能力並無法幫忙消除盲點。「此外，人們即使知道自己有偏見，卻不能擺脫偏見。」其實，在七項被測試的偏見中，有六項「研究對象的認知能力愈強，盲點偏見愈『深』（原文特別強調）。」此後他們不斷發現這種結果。

丹・卡漢對動機性推理的研究也指出，聰明人無法輕易克服偏見，反而更容易受偏見影響。他和幾位同事研究的主題是：從客觀數據得出的結論，是否由人們對主體預先抱持的信念所驅動。正如預期，當研究對象被要求分析實驗性皮膚療法的複雜數據時（這為「中性」主題），能否分析數據並得出結論，端看他們的算術能力（數學能力），而不是他們對護膚霜的看法（因為研究對象對這主題並沒有意見）。多數研究對象還能根據數據，知道皮膚療法會增加或減少皮疹的發生率（不過數據是捏造的，有一半研究對象會看到完全相反的結果。因此提出的答案正確或不正確，端看使用哪些數據，而不是特定皮膚療法的實際效果）。

研究人員保留相同的數據，但是將「皮膚療法」和「皮疹」替換成「隱藏武器禁令」和「犯罪」。此時，研究對象分析同樣的數據時，會受到本身對這些主題的觀點所影響。「民主黨人」或「自由派」解釋數據時，會支持自己的政治信念（控制槍支可減少犯罪）。「共和黨人」

或「保守派」解釋數據，也會支持相反的信念（控制槍支會增加犯罪）。

這點符合我們對動機性推理的理解。然而，丹．卡漢從算術能力不同但政治觀點相同的研究對象中，找出了令人驚訝的發現：在詮釋這項充滿爭議性的主題時，算術能力更強的人（無論是反槍派或擁槍派），反而比理念相同但算術能力較差的人犯下更多錯誤。「這種兩極化模式……不會因為研究對象有更強的算術能力而減緩。其實，反倒會『增強』（原文特別強調）。」

事實證明，人擁有愈強的算術能力，愈能曲解數字來符合並支持本身的信念。

雖然很遺憾，但人類就是如此演化的。即使想要求真，卻只會去保護自己的信念。正因如此，即使一個人天資聰穎且知道自己會做出不合理的行為，依舊無法避免從本身的偏見去推論。無論我們如何聰明，仍會像看到幻覺一樣，無法讓自己的心智運作擺脫既定的模式。我們無法避開幻覺，光靠智力或意志力，根本無法讓自己不去進行動機性推理。

到目前為止，本章內容大多是談論壞消息。我們靠自己的信念下注；我們構成信念前不曾好好查驗；我們很固執，不願更新自己的信念。我已經提出一大串理由來告訴各位：聰明沒有用，只會讓事情更糟。

接下來，我們要談好消息。

你要打賭嗎？

想像你與一位朋友談論《大國民》（*Citizen Kane*）[6]是歷來最棒的電影，引進了新技術，讓導演更從容地講述故事情節。這部影片贏得各種獎項，的確實至名歸。你不禁開口宣稱：「這部電影肯定贏得了奧斯卡最佳影片獎。」

然後，你的朋友會問：「你要打賭嗎？」

突然間，你不太確定了。面對朋友提出的挑戰，你可能會放棄自己的聲明，質疑剛才信心滿滿的宣告。當一個人提出質疑，要我們賭上自己的信念時，他們通常是在展現自信，暗指我們的信念不太準確。理想情況下這會讓我們去檢視本身的信念，盤點自己獲取的證據。

- 我如何知道這一點？
- 我從哪裡得到這項訊息？

⑥ 譯者注：奧森·威爾斯拍攝的劇情片，講述報業大王凱恩的一生。

- 我是從誰那裡得到這項訊息？
- 我的訊息來源品質如何？
- 我有多信賴提供消息的來源？
- 如何更新我的訊息？
- 我有多少與這信念有關的訊息？
- 我原本對此有信心，結果發現它不是真的，還有哪些類似的事？
- 其他的可行方案是什麼？
- 我對挑戰我信念的人有何了解？
- 他們認為我的觀點有多少可信？
- 他們知道哪些我不知道的東西？
- 他們有多麼專業？
- 我錯過了什麼？

前面提過我們形成抽象信念的順序如下：

（一）我們聽到了什麼。
（二）我們相信那是真的。
（三）如果有空閒或意願，我們偶爾會去思考並查證聽聞的事，確定它到底是真是假。

一旦聽到「你要打賭嗎」，我們便會執行偶爾會去做的第三步驟。若有人詢問是否願意對賭金錢時，我們會更容易以較不偏頗的方式去查驗自己的訊息，更誠實看待我們有多確信自己的信念，同時也更能開放心胸，樂於更新和修正自己的信念。人愈客觀，信念就愈準確；信念愈準確，愈能不斷贏得賭注。

當然，提議打賭的人通常並不想賭錢，只是表達一個觀點：他們確信我們誇大了自己的論點，沒有提供相關條件便做出論斷。多數人不喜歡撲克玩家，因為若跟他們打成一片，總會有人隨時想跟你對賭。

我在前面告訴跟各位提過，有人曾冒著損失三萬美元的風險搬到德斯莫恩。遺憾的是，在這個層面上，撲克玩家彼此間的關係迥異於其他人，因為他們能夠靠著說「你要打賭嗎」來獲取許多好處。一旦下注就會公開風險，顯示出隱含（而且經常被忽略）

的事。我們愈清楚自己正不斷對本身信念下注（快樂、關心、健康、金錢、時間或其他有限資源），愈能夠體認本身信念隱藏的風險，進而修正論述，使其更接近事實。

如果你沒有流連牌桌，卻希望每個人都能對賭任何觀念，隨時互相挑戰，這是不切實際的（其實就算在撲克房中，通常也只會發生在熟識的玩家之間），而且我想，如果你到處跟人說「你要打賭嗎」，不僅很難交到朋友，甚至還會失去老朋友。但我們並非不能挑戰自己的決策思維。透過「你要打賭嗎」這片透鏡，你可以訓練自己（從客觀角度）去觀察這世界。只要這樣做就更能體會到，凡事總有某種程度的不確定性，我們通常不如自己所認為的那麼肯定，而且沒有什麼東西是〇％或一〇〇％那樣非黑即白。這是一種非常好的生活理念。

重新定義「信心」

沒有多少事物是確定的。山謬．阿貝斯曼（Samuel Arbesman）出版過一本很棒的書籍，名為《事實的半衰期》（*The Half-Life of Facts*），書中提到我們所知的每項事實，幾乎都曾遭人修正或徹底改變。由於人類不斷在學習，所以先前的知識都會過時。阿貝斯曼舉了許多例子，其中一項是人們以前認為腔棘魚是在白堊紀末期滅絕。一場大滅絕事件（例如：巨大隕石撞擊地球、一連串的火山噴發或氣候永久改變）結束了白堊紀時期。恐龍、腔棘魚和許多物種都在那段時期相繼滅亡。然而到了一九三〇年代末期，甚至在後續的一九五〇年代中期，人們卻發現腔棘魚仍存活於世。經常會有物種被「反滅絕」，阿貝斯曼援引了兩位昆士蘭大學（University of Queensland）生物學家的研究，列出一百八十七種過去五百年間被宣稱已滅絕的哺乳類動物，其中三分之一都陸續重新被人類發現。

人的信念比科學事實更容易形成與改變。就連科學事實都會失效，我們更需要嚴格審視自己的信念。其實不需要真的有人來提出對賭。每個人都可以像賭徒一樣有目標地獨立思考。這就如同一場賽局，而我們是唯一的玩家。

如果我們少想是否對本身信念充滿信心，而是多想到底「有多少」自信，便能成為更好的溝通者和決策者。不要認為信心是「全有或全無」（「我有信心」或「我沒有信心」），反而要認知到，信心介於兩個極端之間的各種灰色地帶。

當我們表達自己的信念（不論是對別人表達或決策時的內心獨白）時，這些信心通常都沒搭配限制條件。建議在表達信念時，不妨按照零到十的等級來評估自己對這些信念的準確度有多少信心。零代表確信這信念是假的，十則意味確信這信念是真的。零到十的等級也能轉換成百分比，如果你評估為三，表示對這信念的準確度有三〇%的自信；九就代表你有九〇%的把握。因此別說：「《大國民》曾獲得奧斯卡最佳影片獎。」應該說：「我認為「《大國民》曾獲得奧斯卡最佳影片獎，但只有六〇%把握。」或者說：「我有六〇%信心，認為《大國民》曾獲得奧斯卡最佳影片獎。」

如此表達自己的確信程度，就代表《大國民》有四〇%機率沒獲得這項殊榮。強迫自己表達對本身信念的確信程度，就能明白這些信念的機率本質，亦即我們相信的事物幾乎不會完全準確或完全不準確，而是介於兩者之間。

這些數字也可以反映各種不確定性。說出「我有六〇%信心，認為《大國民》曾獲得奧斯卡最佳影片獎。」就代表我們並沒有完整了解這個過去事件。若是說：「我有六〇%信心，認為芝加哥的航班將會誤點。」便意味著在預測未來事件時，我們知道自己的資訊不完整，也明白預測本身就含有不確定性（例如：天氣狀況可能會延誤航班，也可能發生無法預料的機械故障）。

我們也可以納入其他可用選項並宣告一個範圍來表達信心。例如：我要表達對貓王幾歲去世的信念，會這樣說：「大約在四十至四十七歲之間。」我知道他四十多歲就死了，大概記得他是四十歲出頭就離世，因此這是合理的歲數範圍。對某項主題了解愈多，就能獲取品質愈好的訊息，也愈能縮小合理的範圍（涉及預測時，如果牽涉的運氣成分較少，合理的結果範圍也會縮小）。我們對某項主題了解愈少，或是涉及的運氣成分愈多，結果範圍就會愈寬。

我們可以宣稱自己有多麼確信某個事實或一組事實（例如：「恐龍是群居動物」）、進行預測（例如：「我認為在其他星球有生命」），或是未來基於我們的決定將如何發展（例如：「如果我搬到德斯莫恩，會活得比現在更開心」或「如果我們解雇總經理，可以提振公司業績」），這些都是不同種類的信念。

若能在思考信念時納入不確定性，將能獲得許多好處。我們表達對自己信念的確信程度，便能調整看待世界的眼光。承認不確定性，乃是衡量和縮小不確定性的第一步驟。將不確定性融入信念，有助於我們開放心胸，讓自己更為客觀，以此面對與本身信念相牴觸的訊息。稍微調整確信程度，感覺會比猛然從「正確」降級到「錯誤」更好一點，也比較不會讓自己屈從於動機性推理。在發現新證據時，說出「我原本五八％確信，但現在是四六％確信」，這種講法不會像「我原以為自己是對的，但現在發現自己錯了」感覺那麼糟糕。我們可以用新訊息去調整信念，不必做一百八十度的大轉彎，信心也不會太過受挫，以致懷疑自己是否仍是受過良好教育、知識淵博、觀點總是正確的聰明人。如此一來我們將更能求真，不會把不符合本身信念的訊息視為威脅，並誤以為要抵擋它們。

我們致力於調整信念時，就不會那麼強烈地自我批判。表達信念時納入百分比或範圍，對自我的看法便不會局限於自己是對或錯，而變成思考能如何納入新訊息，重新估算對自我信念的確信程度。發現與自己信念牴觸的證據不算過失。唯一的過失是沒有從客觀角度去運用那些證據來調整信念。

對他人宣告自我信念中的不確定性，可以讓你成為更可靠的溝通者。我們會有個迷思，以為若我們沒有一〇〇％的自信，別人會比較不重視我們的意見，但情況通常恰好相反。若某個人認為自己的信念絕對正確，而另一個人表示：「我認為這是真的，對此約有八〇％的信心。」此時你會更相信哪位？表達自己不是絕對正確的人，表示他正試圖了解真相，而且仔細考慮了訊息的數量和品質，同時有自知之明，知道自己並非無所不知。思緒周密並且有自知之明的人，更容易博得他人信賴。

表達自信程度也能讓別人與我們合作。職業牌手發現別人表達不正確的觀點時便會與對方打賭，在這業界中比較能接受這種方式；但正如我先前所說，一般人可沒有在撲克房裡打滾。出了撲克房，當我們宣稱某些事是絕對正確時，別人可能不會提供相關的新資訊，讓我們得以調整信念。個中原因有兩個。首先，他們可能會害怕自己錯了，所以不敢明說，擔心會遭受批判。其次，即使他們認為自己的訊息很正確，卻不願讓我們受窘或被論斷。如果我們說：「我有八〇%的信心。」表示不是完全確信，這便敞開了大門，歡迎別人來啟迪我們。當別人知道不必說出或暗示「你錯了」來質疑我們，會比較願意提供我們資訊。承認自己沒有完全把握，請別人協助完善我們的信念，如此就能逐步收集更多的相關訊息，讓自己的信念更準確。

以這種方式表達信念也能造福聽我們說話的人。我們都知道人傾向相信親耳聽到的事，並不會仔細去查證訊息。如果我們向聽眾表達自己對所說的話不是絕對確信，他們也比較不會緊緊抱持我們的說法。指出自己的信念仍有不確定性，聽的人就會知道要做進一步的查證，因此會繼續進行人們形成抽象信念的第三步驟。

科學家在公布實驗結果時，會與社群的其他研究者分享自己收集與分析數據的方法，講解這些數據並表明他們對數據的信心。如此，其他人便可評估訊息的品質，在公布實驗結果前透過「同儕審查」（peer review）讓訊息系統化。對結果的信心會透過P值（p-values，預計得到實際觀察結果的機率，類似按照零到十的等級來宣告信心）以及信賴區間（confidence interval，類似宣告可用選項的範圍）。

科學家習慣表達不確定性，與社群同儕分享訊息，以便測試、質疑結果與解釋。分享的訊息可能會確認、否認或改善已發表的假設，其目標是推展知識，而非肯定我們已相信的事物。這就是為何科學能快速進展的原因。⑦

告知別人自己的信念時若能表達自己的不確定性，就能讓身旁的人像科學家一樣提供建議，並以此迅速改進自己的信念。這樣做將使人比較不會錯失獲取新訊息的機會，讓自己能據此調整信念。

整體而言，若想改善決策，應該承認決策是基於信念來下注、習慣不確定性，以及重新定義是非對錯。然而，我現在一股腦兒將這些觀念灌輸給各位，並不期望大家立刻知道該如何善用這些觀念。畢竟我們的思考模式非常頑固，光是知道問題所在還不夠，還要知道正確的方法，才能克服那些不斷阻礙我們的非理性特質。到目前為止，我所做的是先確定目標；既然我們已開始朝正確的方向前進，下注的思維「應該」是比較能達成目標的工具。

⑦ 作者注：傳奇物理學家理查．費曼（Richard Feynman）曾經概括科學家傳達不確定性及如何致力於避免落入正確和錯誤的兩極端。他說：「科學陳述不是表達什麼是真實的，什麼是虛假的。它是陳述不同確定程度的已知事物……每項科學概念皆分布於絕對錯誤與絕對正確之間，不會落在這兩個極端之上。」以上文字收錄於其小品集《費曼的主張》（*The Pleasure of Finding Things Out*，天下文化出版）。

第3章

下注的學習，因應展開的未來——

練習為結果正確歸因

為什麼撲克老手無法從錯中學教訓，新手卻能贏錢？

開始玩撲克時，我住在蒙大拿州只有一千二百人的哥倫布鎮（Columbus）。當時最近的撲克比賽場所是間名為「水晶殿」酒吧的地下室，位在四十英里（約六十四公里）外的比林斯市中心。我每天開車四十英里，在下午稍早時抵達該處，然後打牌打到晚上，再開車回家。

打牌者都是蒙大拿州的典型人士：在淡季打發時間的牧場主人與農夫。他們頭戴牛仔帽，抽著香菸，煙霧從帽簷升起，瀰漫整個房間。當時是一九九二年，但若只看裝潢與面容灰白的當地玩家，可能會誤以為自己身處於一九五二年，幸好還是有一些格格不入的人，包括我（我是個女人，年紀最輕，比其他人小了數十歲，躲在這窮鄉僻壤，不想到賓州大學參加博士論文的口試），以及一位外號「希臘尼克」（Nick the Greek）的玩家，因此才不會覺得知名西部片演員約翰．韋恩（John Wayne）可能漫步走進這間酒吧。

如果你叫尼克，來自於希臘，又愛賭博，別人就會叫你「希臘尼克」。假使你的體重超過三百五十磅（約一百六十公斤），他們就會叫你「台尼」（Tiny）[1]。我可沒騙人，確實有個經常來打牌、真名為埃爾伍德（Elwood）的人，綽號就叫台尼。「希臘尼克」是比林斯的小角色，在酒吧對街旅館當總經理，他遠從希臘來到這裡為那間連鎖旅館工作；每天都會準時在下午打幾個小時的撲克。

「希臘尼克」打牌時，會遵循一套尋常的信念來做決定。我知道這點，乃是因為他會根據特定幾手牌的結果，向我和其他玩家詳細強調他的觀點。他執著於比較普遍的觀點，認為打牌時得出奇招（不能讓人知道你想如何出牌，要讓打法多元化之類的），並且會語出驚人。根據理論，一發牌就率先拿到一對A是最棒的開場，但尼克認為這是最差的牌型——因為每個人都能預測你會如何出牌。

尼克會說：「對手總認為你有一對A。拿到那種牌就死定了。」

按照他的邏輯，一開始最好能拿到理論上最差的兩張牌，亦即一張七和一張不同花色的二，但每個玩家幾乎都不想手握這種牌型。

尼克在翻牌贏得籌碼時會說：「我敢打賭，你一定沒預料到會這樣。」他經常打七和二的組合，偶爾時來運轉真的會贏錢。我還記得他曾在第一次下注時，把一對A亮牌棄掉。（他經常「展示並告訴」我們他在幹這檔事，認為無法盡情施展詭計。他抱持這套根深柢固的信

① 譯者注：意思為「小娃兒」。

念，也難怪看不出自己的打法很怪異）。

「希臘尼克」甚少拔得頭籌，這點無庸置疑。然而他從未改變策略，經常在輸錢後抱怨運氣不好，但不會憤恨不平。尼克為人友善，跟他打牌很舒服，他算是很不錯的牌友。我會刻意算準每天到場的時間，以便跟他同桌玩牌。

某天尼克沒有參加賽局。我詢問他去哪裡了，一位玩家低聲說（儘管每個人似乎都已知情）：「哦，他被遣送回國了。」

「遣送回國？」

「沒錯，送回希臘。他被驅逐出境了。」

我不確定尼克被遣返是不是因為他打牌時遵循那古怪的信念，但確實相當懷疑。其他玩家猜想他破產了、挪用旅館的錢，或是每天利用上班時間打牌而失去工作簽證。

我認為尼克被自己的信念阻礙，因而輸了很多錢；說得準確一點，他對許多反饋訊息視而不見，不知道自己的策略錯誤，沒有掌握學習機會而一敗塗地。

「希臘尼克」不願從撲克牌桌上汲取經驗。如果他是獨特的案例，就只能算是一個註腳或一則有趣的軼事，指出曾有個傢伙因堅持己見而不斷輸錢。尼克雖然屬於極端案例，但並非那麼獨特，這讓我感到迷惑。

我跟其他心理學學生一樣，一直被教導以下觀念：當人逐漸大量獲得與決策和行動密切相關的回饋訊息，便可從中學習。從字面上來看，打撲克的確是很棒的學習環境，當你下注後，會立即看到對手的回應，然後就是贏得或輸掉這手牌（實際損失金錢），這一切都發生在幾分鐘內。

為什麼「希臘尼克」打了這麼多年撲克，仍然無法從錯誤中學到教訓？為何像我這樣的新手能夠贏錢？

答案在於：「要成為專家必須累積經驗，但這還不夠。」人可以從經驗中學習，但顯然只有某些人能汲取經驗。一個人若能從經驗中學習，便能改善和進步，並且（靠點運氣）成為某個領域的專家或領袖。我一直遇到了不起的撲克玩家，並因為採納他們的學習習慣而獲益良多。人人都能靠著參照實際策略而受益，變成更好的決策者。運用下注的思維，便能辦到這點。

然而在解決問題前，必須先了解問題。到底有哪些障礙，讓人難以從經驗中學習？顯然每個人都想實現自己的長期目標，因此就必須知道每件事的結果到底想告訴我們什麼。所以，究竟是什麼不斷阻礙著我們呢？

運用結果檢驗自己的信念和賭注

我們不能只是「吸收」經驗，便期望可以從中學習。正如小說家兼哲學家阿道斯·赫胥黎（Aldous Huxley）所云：「所謂經驗，並非一個人遭遇之事，而是一個人如何因應自身的遭遇。」獲取經驗和成為專家，兩者差異極大，關鍵在於：能否找出決策結果透露了什麼，並領悟其中的教訓為何。

無論是在賽馬場下注兩美元賭「神馬飛揚」這匹馬會贏得比賽，或是告訴孩子他們可以隨心所欲吃東西，任何決定都是下注，目標是替自己創造最美好的未來，而下注的未來會透過一系列結果來開展。我們隨時在下注：熬夜觀看足球賽，鬧鐘響了還賴床，起床後疲憊不堪，結果因為上班遲到被老闆臭罵一頓。但我們熬夜之後，也可能會有其他的結果：例如：準時醒來，然後提早上班。當我們決定熬夜看足球賽時，其實就是在打賭，無論未來會發生什麼事，我們看完足球賽後會更快樂。我們會下注，決定搬到德斯莫恩去尋找夢寐以求的工作、期待遇到今生的摯愛，或是練習瑜伽。我們也可能像約翰·漢尼根一樣，搬到德斯莫恩兩天就膩了，只好花一萬五千美元認賠回家。我們會下注去解雇分區經理或命令球員傳球，然後等待事態發展。可用圖三表示這種情況。

圖三　對未來下注的流程

信念 ⟶ 下注 ⟶ （一系列的結果）

隨著未來逐漸出現一系列的結果，我們將面臨另一項決策：為什麼事情會變成這樣？

我們弄清應該從某個結果學習什麼（如果有的話），這又會成為另一項賭注。當結果逐一浮現時，必須弄清這些結果主要是由運氣引起，或是由我們特定決策導致的可預測結果，這就是影響深遠的賭注。如果我們確認自己的決策促成了結果，便可從決策獲得的數據得到反饋，進而建構和更新信念，創造如圖四的第一種決策學習循環。

我們可以參照未來如何發展而學習，藉此改進之後的信念和決策；從經驗中得到愈多的證據，對信念和選擇的不確定性就愈少。積極運用結果去檢驗自己的信念和賭注去構成回饋循環，從而減少不確定性，這是重要的學習之道。

在理想情況下，只要我們從經驗中學習，本身的

圖四　第一種決策學習循環

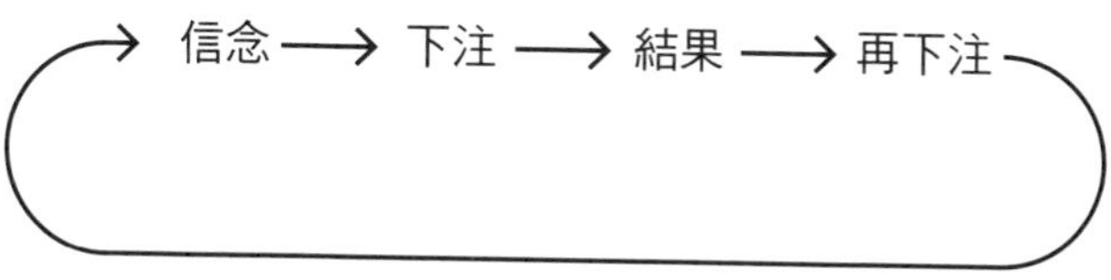

信念和下注將會逐漸改善。在理想情況下，獲得的訊息愈多，愈能做出良好的決策去對未來下注。在理想情況下，愈從經驗中學習，愈能評估做出任何決策可能產生什麼結果，也能更準確預測未來。然而在我們處理經驗時，正如各位所想，「理想情況」並非總能套用。

如果生活比較像下西洋棋而不是打撲克，我們就能以更理想的方式去學習。由於不確定性很少，結果品質和決策品質間的聯繫相當清楚明確。問題在於，任何結果都可能源自於多種原因。逐漸顯露的未來就像巨量的資料紀錄，我們必須對其歸因和詮釋。世界不會幫我們將結果和原因聯繫起來。

如果有人因為咳嗽而到診所看病，醫生必須根據這項症狀（某項疾病進程的一個結果）去反推，從各種病因去判斷，到底病人為何會咳嗽。病毒感染嗎？細菌感染嗎？癌症嗎？神經症狀嗎？無論是癌症或病毒感染，咳嗽的症狀都很類似，想從症狀去反推病因非常困難，因此看診風險很高。倘若出現誤診，患者甚至可能會死亡，因此醫生需要經過多年培訓，才能正確診斷出疾病。

當未來逐漸發生在我們身上時，很難說明個中原因。

假設有同公司的兩位銷售人員打電話給客戶。喬在一月時推銷公司產品，獲得一千美元的訂單。簡在八月時打電話給同一位客戶，拿到了一萬美元的訂單。這究竟是發生了什麼事？

難道是簡比喬更厲害嗎？或是該公司在二月時更新了產品線？還是殺價求售的競爭對手在四月時倒閉了？或者兩位銷售人員是出於什麼出人意料的原因，才有這樣的業績差別？我們很難知道為什麼，因為無法回到過去，讓喬和簡互換位置來進行對照實驗。但公司如何歸因結果，足以影響培訓、定價和產品開發的決策。

對撲克玩家來說，這問題是頭等大事。大多數牌局結束後，揭露的訊息都不完整：某位玩家下注，但沒有人跟注，下注者贏得籌碼，沒有人會透露他們的暗牌是什麼。玩了幾手之後，玩家仍不清楚自己為什麼會贏或輸。贏家的牌型比較好嗎？輸家是否蓋了較好的牌？贏家若採取不同打法，是否會賺到更多彩金？輸家若以別的方式打牌，贏家是否可能會蓋牌放棄？在回答這些問題時，沒有一個玩家知道對手實際持有什麼牌，或者玩家會對不同的投注決策做出何種反應。玩家如何根據經驗來調整玩法，將決定自己的牌局結果。他們如何解讀這些未知訊息是一個重要的下注，關係到能否因此更擅長打撲克。

人善於找出想要追求的「更好」目標（變得更好、更聰明、更富有及更健康等），但經常無法實現這些「更好」目標，因為追求目標時很難落實所有小決策。我們在過程中要分辨到底該「何時」與「如何」對回饋循環下注，也就是針對那些當下的決策，確定它們是不是學習的機會。為了實現長期目標，必須更能分辨逐漸顯露的未來是否能讓我們學到東西，以及能否構成回饋循環。

若要做好這件事，首先要知道偶爾事情的發生是來自其他形式的不確定性——運氣。

為結果歸因：是屬於「運氣面」或「技巧面」？

我們人生的結果，是在技巧和運氣的雙重影響下所造成。為了方便討論，凡是因為我們決策而導致的結果就歸於「技巧」這一類，定義是下同樣的決策會產生相同的結果，改變那項決策則會造成不同的結果，這樣的結果便是出於技巧的影響；這種情況下，決策品質是影響事件發生的主因。然而，如果事情發生的原因是無法控制的因素（比如他人的行為、天氣或我們的基因），結果便是由運氣造成。在決策對結果沒有太大影響的情況下，運氣就是主要因素。②

在打高爾夫球時，開球會落在哪裡是技巧和運氣交互影響的結果。無論是高爾夫球初學者或北愛爾蘭高爾夫球職業選手羅伊・麥克羅伊（Rory McIlroy）都一樣。技巧的元素（亦即高爾夫球選手可以控制去影響結果的事）包含球桿選擇、基本站姿與高爾夫揮桿的詳細機制。

運氣的元素則包括：突如其來的強風、揮桿時是否有人喊選手的名字。球是否落在擊球時被削起的草皮或灑水器的噴嘴、高爾夫球選手的年齡和基因，以及他們在擊球前獲得（或沒獲得）的機會。

減肥可能是改變飲食或多運動（技巧）的直接結果，也可能是新陳代謝突然改變或飢餓（運氣）造成的結果。我們可能會因為自己闖紅燈（技巧）或別人闖紅燈（運氣）而發生車禍。學生可能因為沒有讀書（技巧）或遇到不好的老師（運氣）以致考試成績不理想。我會因為自己做出糟糕的決定、沒有發揮牌技或對手運氣很好而輸掉某一手牌。

若將結果歸因於技巧，便可算為自己的功勞；若將結果歸因於運氣，就知那是我們無法控制的。無論出現何種結果，我們一開始便得歸因，亦即要下注，決定結果是屬於「運氣面」或「技巧面」。「希臘尼克」就是在這裡出錯。

---

② 作者注：在必要時我會討論什麼是運氣與什麼是技巧（還有兩者的組合）。如果不詳述這點，根本無法深入討論結果與學習。若你想更全面了解技巧與運氣的差異，建議可以去讀麥可・莫布新（Michael Mauboussin）的《成功與運氣：解構商業、運動與投資，預測成功的決策智慧》（*The Success Equation: Untangling Skill and Luck in Business, Sports, and Investing*，天下雜誌出版）。

圖五　第二種決策學習循環

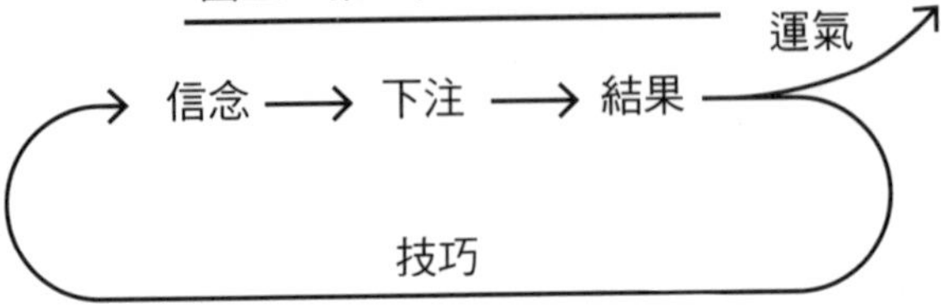

不妨將圖四的第一種決策學習循環更新為圖五的第二種決策學習循環。

假如你是外野手，正準備接殺高飛球，而壘上還有跑者。你必須在當下決定要將球傳向哪裡：把球丟給隊友轉傳；把球傳向跑壘者後方；傳球刺殺跑壘者。外野手接球後如何傳球，就是在下注。

我們其實也在做出類似的賭注，決定要將結果「歸向」何處：歸到「技巧面」（可以控制）或「運氣面」（無法控制）。若能在起初好好歸因結果，我們便能專注於本身可學習的經驗（技巧），並忽略那些學不到東西的經驗（運氣）。我們若能處理得當，逐漸累積經驗之後，便能達成「更好」目標：變得更好、更聰明、更健康、更快樂與更富有等。

然而，要做到這一點真的很難，因為人無法全知，很難解釋事情為何會如此發展。世事模棱兩可，我們很難將結果正確歸類為運氣或技巧。

不確定性讓反推變困難

在一九九〇年代，斯耐克維爾斯餅乾（SnackWell's）風靡一時，數百萬人競相追捧。納貝斯克公司（Nabisco）利用脂肪（而非糖）會讓人變胖的觀點來主打這種深黑色巧克力餅乾，但現在這觀念已遭人質疑。當時的觀念認為，用較少脂肪製成的食物比較健康。在美國政府的加持下，各家公司紛紛以糖替換脂肪做為調味成分。斯耐克維爾斯餅乾採用綠盒包裝，這種顏色讓人聯想到「低脂肪」，所以它就像菠菜一樣是「健康食物」！

對於想減肥或挑選更健康零食的人來說，斯耐克維爾斯餅乾似乎是美味的天賜之物。選擇吃這種餅乾，就是對健康的下注，用它來替換其他種類的零食（比如高脂肪的腰果），並認為可以盡情吃完一整盒斯耐克維爾斯餅乾，因為脂肪有損健康，而糖沒有害處，加上那綠盒包裝好像在大喊著：「我是低脂肪！」

當然我們現在知道，在那段低脂熱潮期間，變胖的人顯然增加不少（美國專欄作家麥可・波倫〔Michael Pollan〕曾使用「斯耐克維爾斯現象」一詞，形容人們傾向去消費壞成分較少的食品）。吃斯耐克維爾斯餅乾的人逐漸變胖，但他們很難找出個中原因。到底體重增加是否應該歸到「技巧面」，做為「消費者認為這種餅乾很健康」這價值觀其實不正確的回饋；

或者他們只是因為運氣不佳而變胖，像是新陳代謝變慢或其他與這些人無關的因素（至少跟他們吃斯耐克維爾斯餅乾沒關係）。如果將體重增加歸到「運氣面」，就無法獲得警訊，改變選擇不吃這種餅乾。

「現在」回想起來，大家似乎明白如何處理體重增加的問題。然而，只有在知道吃斯耐克維爾斯餅乾並不健康時，這點才會顯露出來。如今多了二十年的研究結果，我們更了解人為何會變胖，但當年追捧低脂風潮的人只知道自己變胖了，以撲克術語來說，牌依然是暗牌。

想從事情發展的結果來反推並不容易。因為我們可以從許多不同的途徑獲得相同的結果（體重增加）。某人可能選擇斯耐克維爾斯餅乾；另一人挑選OREO奧利奧餅乾（同樣是納貝斯克公司的產品，發明者與斯耐克維爾斯餅乾相同）；第三人可能選擇扁豆和芥藍菜。如果這三個人體重都增加了，要如何確定他們變胖的原因？

結果並不會透露我們是否有犯錯、犯了什麼錯，也不會揭露哪些功勞該歸於我們，哪些又不該。這跟下西洋棋不同，我們無法輕易從結果品質去反推本身的信念或決策的品質，因此只是依據結果學習，將會讓人毫無頭緒。負面結果可能是一種訊號，要我們去檢視自己的決策，但這種結果可能源自於運氣不好，根本與決策無關，此時就不該將結果視為調整未來決策的訊號。好的結果可能表示我們做出良好的決策，也可能只表示我們很幸運，卻誤以為日後可以重複運用先前的決策。

「希臘尼克」靠一張七和一張二贏錢時，將結果歸到「技巧面」，認為是自己的明智策略奏效；在輸掉一手牌時（這情況更常見），卻認為自己不走運。他錯誤歸因，無論輸多少錢，都不曾質疑自己的信念。我們有時很像尼克，因為不確定性（運氣和隱藏訊息）而錯誤歸因，不知道自己為何會輸錢。每個人都會面對不確定性，也都會錯誤歸因。

老鼠會因為不確定性而出錯，我們應該非常熟悉這點。當典型的「刺激—反應實驗」引入不確定性後，學習速度會大幅減緩。原本老鼠按照固定的獎勵方式進行訓練時（例如：每按十次槓桿便餵一顆飼料），牠們會學得非常快，並了解按壓槓桿可得到食物。如果完全取消獎勵，老鼠很快就不會去按槓桿，因為知道不會得到食物。

然而，若是根據隨意變化或間歇性的時間表（例如：「平均」每按十次槓桿才餵一顆飼料），便導入了不確定性。雖然能獲得獎勵的平均按壓次數一樣，但老鼠可能按一次就被餵食，也可能按了三十次仍徒勞無功。換句話說，老鼠會像人類一樣，無法確知下一次按壓槓桿會不會得到獎勵。就算食物獎勵被取消了，這些老鼠還是會繼續按壓槓桿才會放棄（有時會按個幾千次）。

不妨可以幻想老鼠是這般思考的：「我敢打包票，下一次按壓槓桿，就會得到食物……

我剛才運氣不好……我鐵定會得到獎勵。」其實不必想像，只要站在吃角子老虎機旁邊，就能聽到一些玩家說出這種論調。吃角子老虎機是根據不固定獎賞的系統運作，是賭場裡勝率最低的遊戲機，但整排機器前總是坐滿了賭客。總之，我們跟老鼠一樣的腦袋主導了一切。

更令人困擾的是，結果很少會全部歸於技巧或運氣。即使我們犯下最嚴重的錯誤，得到相應的負面結果，運氣也會發揮一定的作用。每個因酒駕衝入溝渠而翻車的駕駛，其中必定有許多人曾在高速公路上蛇行卻沒出事。我們會認為酒駕者必然會讓車子衝入溝渠，但忘了路況與車道上有無其他駕駛也會產生相關作用。當我們做對一切事情時，例如：頭腦清醒地駕車通過綠燈並平安無事，其中依然帶有運氣成分，因為同時間沒有人闖紅燈並撞上我們、路上「沒有」冰塊導致車子打滑失控、車子「沒有」撞到路面雜物或爆胎。

未來會不斷開展，而我們在處理結果時總會陷入以下問題：事情的結果可能源於我們的決策或運氣，甚至由兩者結合而衍生。正如我們幾乎不會絕對錯誤或正確，結果也幾乎不會絕對源於運氣或技巧。

下西洋棋或折疊整理衣物時，我們能體驗到井然有序的感覺；但從經驗中學習並非如此。深入了解不確定性如何讓人出錯，無論出錯是否有固定的模式（提示：確實有），以及是什麼導致錯誤，我們便能從中找到線索，並發現可落實的策略來校準自己對結果的下注。

「自利偏差」：成功歸於自己，失敗歸咎運氣

如同動機性推理，錯誤歸因並不是隨機的。根據心理學家和行為經濟學家丹．艾瑞利（Dan Ariely）[3]所言，錯誤歸因是「可預測的不理性」。歸因結果的方式可被預測且有固定模式：將好結果歸功於自己，把壞結果歸咎於運氣，這樣就沒有犯錯。總之，我們沒有好好從經驗中學習。

「自利偏差」（self-serving bias）是描述這種歸因結果模式的術語。心理學家弗里茨．海德（Fritz Heider）率先研究人如何將自身的行為結果歸因於運氣或技巧。他指出，人會像科學家一樣研究自己的結果，但像是個「天真的科學家」，找出事發原因之後，會尋找合理的理由，而這個理由得符合人自己的願望。海德說：「這理由通常會討好我們，從有利的角度看待我們，而且如此歸因之後會增加效力。」

[3] 作者注：艾瑞利是杜克大學（Duke University）的心理學和行為經濟學教授，也是行為經濟學領域的頂尖研究學者。他透過熱門的TED講座、暢銷書籍、部落格、撲克牌遊戲與應用程式向數百萬人介紹如何落實行為經濟學，最著名的書是《誰說人是理性的！》（*Predictably Irrational*，天下文化出版）

人隨時隨地都在欺騙自己。不妨看看人們在車禍的汽車保險單上如何填寫理由：「我與迎面而來的卡車對撞。」「有個行人撞到了我，然後壓在我的車底下。」「那傢伙當時在路上亂跑。我急轉彎好幾次才撞上他。」「不知從哪冒出一輛車子，撞了我的車之後消失無蹤。」「這名行人隨便亂竄，我的車子就壓過了他。」「我發現快要撞上電線桿，準備急轉彎時便撞上去了。」④

史丹福大學法學教授和社會心理學家羅伯特．麥克康恩（Robert MacCoun）研究過汽車事故的紀錄，發現七五％的受害者會指責對方犯錯。在多起車輛事故中，九一％的駕駛會指責別人。最令人矚目的是，他發現在只有「單一」車輛的事故中，三七％的駕駛依舊會找藉口，將責任歸咎於別人。

我們不能說這是因為某些壞駕駛缺乏自我認識。前面提過的約翰．馮紐曼教授在紐澤西普林斯頓路上令人聞之色變，某次他撞壞了車子，竟如此解釋：「我當時正在開車。右邊的樹木依序以時速六十英里（約九十七公里）的速度從旁邊閃過。突然間一棵樹出現在我眼前，於是蹦的一聲！」馮紐曼教授也會找藉口？這是真的嗎？

這種可預測的錯誤歸因可能是撲克牌玩家要面對最重要的問題。我在「水晶殿」酒吧親眼目睹「希臘尼克」如此做。當他拿一張七和一張二而輸錢時，會說自己運氣不好；但靠這種牌型贏錢時，則會說自己「突襲」成功。尼克將輸錢歸咎於運氣來卸責，把贏錢歸功於技巧來攬功，這表示他不斷高估用一張七和一張二的獲勝機率。他一直對失敗的未來下注。

並非只有「希臘尼克」這種比林斯小角色才會如此。菲爾・赫爾穆斯（Phil Hellmuth）是世界撲克大賽有史以來最厲害的玩家（拿過十四只世界撲克大賽金手鐲，日後還可能奪冠），他也曾陷入這種錯誤歸因而廣受矚目。當菲爾從電視撲克錦標賽被淘汰後，對著體育節目ESPN的鏡頭說道：「要不是手氣背，我誰都能贏。」這句話已成為撲克世界的名言。（《全押：撲克牌音樂劇》（*All In: The Poker Musical*）是描述菲爾生平的戲劇，該劇歌曲〈要不是手氣背，我誰都能贏〉（I'd Win Everytime [If It Wasn't for Luck]）就是根據前面那句話來創作的）。當ESPN節目播出訪問影片時，撲克玩家們都倒抽了一口氣。菲爾想說的是：如果打撲克時可以消除運氣因素（猶如下西洋棋），他有高超牌技，參加比賽鐵定無往不利。任何負面結果顯然都是運氣所致，任何正面成果都得歸功於他卓越的牌技。

---

④ 作者注：我從羅伯特・麥克康恩的一篇文章節錄這些句子（下一段會討論他），即使全部照抄也毫不內疚。首先，這些藉口非常有趣，透露出許多訊息，不分享才可惜。其次，麥克康恩承認自己從《令人痛苦的英語》（*Anguished English*）抄錄這些句子，而該書的作者正是家父理查・萊德勒（Richard Lederer）。

雖然撲克玩家倒抽一口氣，但菲爾和其他人的差別只有在「電視上大聲說出」這點。多數人通常會語帶保留——特別是面對鏡頭和對著麥克風說話時。話雖如此，我認為每個人都被跟菲爾一樣的想法挾持。

當然我也不例外。打撲克贏錢時會認為自己很行，輸錢時則抱怨手氣不佳。這是一種本能衝動。我已經在自己生活的各種領域體會過這種傾向。別忘了，就算我們知道這是一種幻覺，卻仍然會看到它。

「自利偏差」顯然會立即影響我們從經驗中學習的能力。⑤如果將多數糟糕的結果歸咎於運氣，就會錯過檢驗決策的機會，無法思考自己能否做得更好。如果把好的事情認為是自己的功勞，就會強化不該強化的決策，進而錯過自我提升的機會。沒錯，某些不好的事情出現，主因確實是運氣不好。某些的事情會發生，的確是由於個人技巧。不過我知道事情不總是如此，產生不良結果，並非百分之百運氣不好；獲得良好結果，並不是百分之百能力絕佳。然而，人就是會從這角度去看待不斷開展的未來。

指責別人要為世上各種壞事情負責，將好事情的發生原因歸功於自己，這種可預見的模式絕不僅限於打撲克或車禍事故。它無處不在。

克里斯．克里斯蒂（Chris Christie）曾在二〇一六年初參加愛荷華州共和黨總統初選辯論會。他注意到希拉蕊對利比亞城市班加西（Benghazi）悲慘結局的回應，[6]便扮演起行為心理學家的角色來攻擊她：「她不想對任何錯誤的事情負責。我告訴各位，如果事情圓滿落幕，她會到處宣揚，將功勞攬在自己身上。」無論這項指責是否正確，克里斯確實掌握了人性：人會將好事歸功於自己，把壞事的責任向外推。諷刺的是，不到幾分鐘之前，克里斯也高度展現了這種自利偏差。主持人當時詢問克里斯，他曾陷入「封橋門」（Bridgegate）醜聞，共和黨是否該提名他參選總統。克里斯如此回答：「當然，因為已有三次不同的調查，證明我什麼都不知道。」並接著說：「我告訴你，當我接任紐澤西州長時，民主黨正在推行自由政

⑤ 作者注：「自利偏差」會讓人以不準確的方式看待世界，因此有人質疑，「自利偏差」如何在天擇中倖存下來。這種可能得付出代價的自我欺騙或許有其演化基礎。自信的人能吸引較好的伴侶，更能將基因傳遞下去。人類善於發現欺騙行為，而為了讓他人認為我們充滿自信，首先就得自我欺騙。演化生物學家理查．道金斯（Richard Dawkins）在一九七六年出版了《自私的基因》（*The Selfish Gene*，天下文化出版）。演化生物學家羅伯特．泰弗士（Robert Trivers）在該書前言指出，欺騙的演化比先前想的要複雜許多。「因此，傳統觀點認為，天擇有利於能更準確描述世界圖像的神經系統，這絕對是對心智演化極天真的看法。」道金斯認為，泰弗士是他開創性書籍的要角之一，於是在《自私的基因》中用四章來闡述泰弗士的觀點。

⑥ 譯者注：二〇一二年九月十一日，利比亞示威者向美國駐班加西領事館縱火，美國駐利比亞大使與三名外交人員因此遇害。當時希拉蕊是國務卿。

策，整個州哀鴻遍野，非常蕭條，飽受高稅率和高管制所苦。到了今年，也就是二〇一五年，紐澤西州的就業增長是過去十五年以來最棒的。這都是因為我們推行了保守政策。」

他實在轉得很快：從「各種壞事都跟我無關」到「我告訴你，那些好事全是我的功勞」。

我曾在國際出庭審判律師學院（International Academy of Trial Lawyers）的會議上演講，告訴聽眾這種模式。演講結束後，某位聽眾席上的律師立刻告訴我，他剛從法學院畢業出來時，曾跟著資深合夥人實習。他說：「安妮，妳真是講到重點了。我跟著這位合夥人出庭好幾次並從旁協助，每天結束時他都會以同樣的方式分析證詞。如果證人對我們有幫助，他會說：『你知道我為了作證準備得多充分嗎？只要知道如何準備證詞，就會得到想要的結果。』如果證人搞砸了案子，他就會找藉口：『那傢伙（法官）不願意聽我的證詞。』每次都這樣，毫無例外。」

我敢打賭，任何學齡兒童的家長都知道這一點。有時我的孩子考試考得不好，他們不會說自己沒用功讀書，反而是找藉口：「老師不喜歡我。每個人都考不好。老師考的題目上課都沒教。不信妳可以去問班上同學！」

「自利偏差」是一種深入人心的頑固思維模式，我們首先得了解這種模式為何會出現，才能想辦法提升從經驗中學習的能力，並用這些策略讓我們在為結果歸因時更理性，進而以開放的心胸去考慮造成結果的各種可能原因，不至於只挑選那些討好我們的因素。

要避免陷入「非黑即白」思維

非黑即白的思維沒有加入現實的不確定性，足以驅使「動機性推理」和「自利偏差」。如果我們唯一的選擇是絕對正確或絕對錯誤，並在這兩者之間空無一物，一旦得知與信念牴觸的訊息便得全面降格，從正確直接跳到錯誤。在全有或全無的世界中，沒有「不那麼確定」這選項，因此我們會忽視或駁斥訊息來鞏固信念。

前述兩種偏見讓我們像是透過遊樂園裡的哈哈鏡來看待結果。這種反映會扭曲現實，讓我們從好結果看見被極大化的技巧面，卻無法從壞結果中看見技巧面，只注意到衰運的巨大身影。

「自利偏差」如同動機性推理，源自於人類想要構築積極的自我敘說，將好事歸功於自己，只要做了正確的決策，就會感覺良好；同理，若將壞事歸咎於自己，就像做了錯誤的決策，而犯錯總讓人感覺不好。一旦自我形象受到威脅，人會將決策歸因分為一〇〇％或〇％：

不是正確，就是錯誤；不是技巧，就是運氣；不是必須負起責任，就是完全無法掌控。沒有任何灰色地帶。

歸因結果時若只想以全有或全無的觀點來進行自述，便無法做出明智的決策，對未來將朝某個面向發展去下注。如果抱持這種粗糙的偏見，便很難（甚至是不可能）從經驗中學習。要知道結果很少是單靠決策或全憑運氣所造成，結果的品質也無法精準反映出運氣與技巧的影響。陷入「自利偏差」會以為好結果完全跟好技巧掛勾，壞結果則牽連壞運氣。[7]無論是撲克玩家、車禍、美式足球指令、試驗結果或成功企業，幾乎所有結果都會同時牽涉到運氣和技巧。

「自利偏差」的基礎是人會積極更新自我形象，因此也許可從這方面找出克服這種偏見的方法。我們或許可以停止維護自我形象，放棄想積極描述自我的需求；我們或許可以繼續追求積極的自我敘說，但不利用攬功或卸責去更新形象，而是以抱持更客觀、開放的心胸，根據結果評估運氣和技巧的影響；我們或許可以投入時間與精力，重新訓練本身處理結果的方式，正確歸因並求真，從中更新積極的自我形象。

或者，我們也可以想辦法繞過種種障礙，找出不必要求自己去處理「自利偏差」這困擾的變通之道。

觀看別人經驗，免費學做決策

有人可能認為「自利偏差」沒什麼大不了，因為可以參照別人的經驗來學習。或許發展出來的解決之道，乃是觀察別人如何克服從本身經驗學習的障礙。畢竟全世界有七十多億人不停在做事，正如美國棒球名人堂球員尤吉．貝拉（Yogi Berra）所說：「透過觀看，能觀察到諸多事情。」

觀察是一種公認的學習方法，甚至有產業專門收集他人成果。當你閱讀《哈佛商業評論》（*Harvard Business Review*）或任何商業與管理個案研究時，都在向別人取經。醫學教育有個

⑦ 作者注：這是一種分類（歸因）偏見，不代表人「總是」想攬功或卸責。有些人會展現出和「自利偏差」相反的一面，認為不好的事都是他們的錯，同時以為好事都是運氣導致。這種模式比較少見（比較可能出現在女性身上）。詹姆士．舍帕德（James Shepperd）和同仁特別調查過《社會與人格心理學指南針》（*Social and Personality Psychology Compass*）的文獻，從中了解「自利偏差」的動機與解釋。他們的調查包含對女性「自利偏差」的研究。那種模式是憂鬱症的潛在症狀，但不會比較好，因為它也是不準確的。所有壞事不會都是你的錯，所有的好事也不可能都是運氣造成，反之亦然。如果無法找到方法去評估與歸因結果是否準確，無論犯下何種錯誤，都會虛擲大量的學習機會。

重要的環節，就是讓學生觀看醫生如何行醫或護理人員如何作業。學生觀看，然後協助……希望藉此學會如何行醫。有誰希望開刀時聽醫生說「我今天是第一次看到人體內臟器官」？我們可以效仿這種做法，從周遭人們的經驗去學習。

打撲克時，通常都是在觀察別人。經驗豐富的玩家在第一輪投注，大約只有玩二〇％的牌局，跳過其他八〇％的牌局。換句話說，有大約八〇％的時間是在觀察對手如何出牌。玩家即使無法有效從自己打牌的結果學習，也能夠觀看其他玩家的結果來汲取經驗。畢竟，看別人出牌的時間是自己打牌時間的四倍。

別人打牌的結果不僅豐富，也是「免費的」——除了要下的底注（ante）⑧。撲克玩家選擇打牌時，就得下注冒險；若選擇觀戰，只需袖手旁觀看別人賭錢，不用額外花錢就能從中學習。

即使我們不上撲克牌桌，在生活中做決定時也總是得承受風險，可能會損失金錢、時間、健康或幸福等。觀看別人做決策，通常不必付錢就能學習。的確如此。這世界中有許多免費的訊息。

可惜透過觀看別人學習也會帶來偏見。我們為自己的結果歸因會有某種模式，因此為同儕的結果歸因也會有可預測的模式——同樣使用非黑即白思維，但會翻轉說詞。我們面對自己的壞結果會歸咎於運氣不佳，但評判同儕時，則會認為壞結果顯然是他們的錯。我們認為良好結果是因為自己明智的決策，然而評論同儕時，卻認為他們有好結果乃是因為走運。法國藝術家兼作家尚・考克多（Jean Cocteau）曾說：「我們必須相信運氣。否則如何解釋我們討厭的人會功成名就？」

我們發現別人得到壞結果時，會迅速且嚴厲地指責他們。棒球史上有個最著名的案例足以說明這點。當時有四萬人在棒球場觀戰，全球有數千萬人在觀看轉播，眾人批判某位典型的球迷，因為他讓芝加哥小熊隊無法打進世界大賽。這故事被稱為「史蒂夫・巴特曼事件」（Bartman play）。

二〇〇三年，當時芝加哥小熊隊只要再贏一場，便可繼一九四五年以來首度挺進世界大賽。他們在（國聯冠軍賽的）系列賽中，以三比二的勝場數領先佛羅里達馬林魚隊。當天為第六戰，小熊隊在八局上半分數領先，已抓到一人出局。後來馬林魚隊的打者擊出左外野界外球。小熊隊的左外野手莫伊塞斯・阿魯（Moises Alou）立即跑到區隔觀眾與球場的大牆，

---

⑧ 譯者注：小額的強制下注。某些撲克牌賽局規定，在每局發牌前，所有玩家都得下底注。

高舉手套準備接球，幾名觀眾同時跑到牆的另一側接球。小熊隊的主場瑞格利球場擠滿四萬名觀眾，其中一位名叫史蒂夫．巴特曼的球迷竟然把球撥掉，使球撞到欄杆後反彈，落在另一名觀眾的腳下。阿魯生氣地對這名球迷咆哮，罵他妨礙守備，害自己沒接到球。

在巴特曼、身旁觀眾和莫伊塞斯．阿魯爭相搶球的時候，小熊隊仍以三比〇領先對手。如果阿魯接到球，小熊隊只要再完成四個出局數便可挺進世界大賽。巴特曼把球撥掉之後的後續發展如下：小熊隊輸掉那場比賽，接著又在第七戰敗陣，無緣打進世界大賽。巴特曼遭千夫所指：首先是在場的四萬名觀眾（人們指著他，高喊：「王八蛋！」然後向他丟啤酒罐和垃圾，甚至威脅要殺死他），然後是數百萬的小熊隊球迷。他們不僅在重播這事件的體育和新聞節目上咒罵他，後續甚至罵了他十多年。巴特曼被球場安全人員圍住以確保安全時，有個人甚至去攻擊他，喊道：「我要打這個傢伙，他毀了我可能一輩子只有一次的經驗。」

巴特曼得到很糟的結果。他伸手去接球，而且小熊隊落敗了。那是因為他下的決定很糟糕，還是他的運氣不好？沒錯，巴特曼決定去接球，所以裡頭確實有一點技巧面，但他實在運氣太背。但幾乎所有人都無視運氣成分，紛紛矛頭一致地指責巴特曼讓小熊隊輸了那場球，而且最後還輸了冠軍系列賽。

美國導演艾力士．吉伯尼（Alex Gibney）替 ESPN 製作了史蒂夫．巴特曼事件的紀錄片《捕捉地獄》（*Catching Hell*）。該片揭露人們的雙重標準，從各種角度重播該事件，並採訪現場觀眾和媒體人士。吉伯尼發現（畫面也清楚顯示）：「很多人爭相去接那顆球。」有位球迷就擠在巴特曼旁邊搶球，完全無法否認他跟巴特曼一樣想伸手接球，他說：「我去搶那顆球。無法（否認）……我確實想要那顆球。」然而，他卻聲稱自己和巴特曼不同，不會去干擾比賽，「我一看到（莫伊塞斯・阿魯的）手套，就不想搶球了。」那位球迷馬上辯解自己沒打算去碰球，同時歸咎於巴特曼，說他做了錯誤決定，而不是運氣不好。

巴特曼身旁的人都搶球，但他是碰到球的倒楣鬼。然而，其他球迷並不認為這是運氣不好，反倒認為巴特曼犯了錯。更糟糕的是，比賽後續發生的事（顯然都不是巴特曼可以控制）他彷彿都責無旁貸。別忘了，當球掉在看台之後，小熊隊仍處於巴特曼碰球前所處的情勢。當時小熊隊三比〇領先，只要再拿下五個出局數便可淘汰馬林魚隊。他們的王牌投手先前還曾完封對手，而且小熊隊在七戰四勝的系列賽中以三比二的優勢領先。打出界外球的打者仍然站在壘上，當時是兩好球三壞球。馬林魚隊後來發動一輪猛攻，在第八局搶下八分，其中七分是（兩個打席之後）在小熊隊游擊手亞歷克斯・岡薩雷斯（Alex Gonzalez）失誤之後被攻下的，只要他接到球便可發動雙殺來結束該局。

小熊隊會被逆轉，全是自己造成的，巴特曼顯然無法掌握這些情況，但他運氣實在太背了，球迷不分青紅皂白，硬要指責巴特曼，反而不去罵岡薩雷斯。巴特曼身邊的球迷高喊：「去死吧！芝加哥人都恨死你了！你這爛貨！」當他走過大廳時，民眾大喊：「我們要殺了你！滾到監獄去！」有人甚至說：「把十二號口徑的霰彈槍塞進他嘴巴，開槍斃了他！」

倘若能出現某個故事情節，讓小熊隊可以將贏得二〇一六年世界大賽冠軍的功勞歸功於巴特曼就好了。畢竟，巴特曼在後續一連串的事件中扮演了關鍵角色，奄奄一息的小熊隊因此聘請球隊整頓專家西奧．艾普斯坦（Theo Epstein）與喬．梅登（Joe Maddon），分別擔任總裁與經理。但不出所料，許多人會覺得上面那種說法根本沒有什麼關連性。⑨

生活中常見這種將壞結果歸咎於別人、把好結果攬在身上的模式。看到別人升遷時，我們會承認對方比自己更努力而實至名歸嗎？不太會，別人能升遷是因為巴結了老闆；如果有人成績比較好，那是因為老師比較喜歡他們；若有人解釋車禍如何發生並說自己沒有犯錯，我們會翻白眼，認為就是他們駕駛技術很爛才會出事。

我開始打撲克時也遵循同樣的模式（至今在生活的每個領域仍不斷抑制這種衝動），會立刻將成功歸於自己，將失敗歸咎於運氣不佳，但評估其他玩家時自動翻轉想法。別人獲勝時，我不認為他們表現得很好（換個角度來看，我輸錢時，不會認為對手很棒），而看到別人輸錢時，立即會認為他們打得很爛。

記得在剛入行時，我哥曾幫我列出好的牌型。當時我們在拉斯維加斯賓尼恩馬蹄鐵賭場（Binion's Horseshoe Casino）的咖啡廳吃東西，他把這些牌型寫在一張餐巾紙上。我緊緊抓住餐巾紙，就像聖經人物摩西牢牢抓住十誡一樣。當我看到別人不用我哥寫的牌型卻能贏錢時，總認為他們實在很走運，因為這些人顯然不會打牌。我的思想非常封閉，根本不認為他們是靠牌技獲勝，因此也懶得向我哥講述他們拿了什麼牌，請他解釋為何這些人能不用清單上的牌型而獲勝。

隨著逐漸了解撲克，我知道並非只能用列出的牌型去打牌。首先，只用清單上的牌型，表示不會去唬牌。我哥為我這位新手列出牌型，是不希望讓我陷入困境，犯下新手會犯的錯誤。我當時並不知道，原來拿到沒列出的牌型，偶爾也能視情況出牌。

雖然我可以去問我哥，但我從未問過為何有人會打沒有列出的牌型。我心懷偏見，錯判

⑨ 作者注：小熊隊在二〇一五年賽季表現出色，並在二〇一六年贏得世界大賽冠軍。自從二〇〇三年的事件之後，巴特曼拒絕發表評論，也不想介入後續事情。直到二〇一七年八月，小熊隊致贈巴特曼冠軍戒指，而巴特曼也收下這份禮物。順道發表聲明，說明人們應該如何彼此相待。NPR.org 網站引述了部分內容：「史蒂夫．巴特曼在一項聲明中說：『我認為自己不配這種榮譽，但我深深感動和由衷感謝……我謙卑接受這枚戒指，不僅記念這項體育史上最重要的成就，也想提醒大家在當今社會應該如何彼此對待。』」

他們獲勝的原因，因此學習牌技的速度大幅減緩。我錯過很多賺錢的機會，因為當我能借鏡其他玩家時，卻誤以為他們只是走運而已。沒錯，有些玩家確實打了某些不應該打的牌型，所以輸得很慘。然而，我幾乎要到了一年之後，才知道並非所有人都是如此。

如果我們對同儕的結果歸因犯下分類錯誤，就得付出代價：不僅無法達成目標，也不會去同情他人。

別為了一時自我感覺良好，犧牲了長期目標

人人都希望當下自我感覺良好，即使因此犧牲自己的長期目標也無所謂。就像「動機性推理」和「自利偏差」，人常指責別人壞了事，卻不太會將好事歸功於他人，這些是受到自我的影響。獲勝可以提升自我敘說，而發現同儕犯錯而貶低他們也能達到同樣的效果，這就是幸災樂禍：看到別人不幸而快樂。幸災樂禍的反面就是同情慈悲。

照理說，一個人想要快樂，只要事態發展對自己有利便可，甭管別人怎麼樣。但從最根本的角度而言，將別人的壞結果歸咎於他們身上，我們便會感覺良好；同理，將別人的好結

果歸因於運氣，也能提升自我敘說。

這種結果歸因符合撲克牌之類零和遊戲（zero-sum game）的邏輯模式。我打牌時若與對手正面交鋒，「必須」遵循這種歸因模式，以便讓自己對本身戰果的自利詮釋與對手的戰果相符。我贏了一手，對手就輸了；我輸了一手，對手就贏了。輸贏是對稱的，如果我將勝利歸功於自己牌技高超，對手必定是因為牌技較差而輸錢。同理可知，我若是將失敗視為與運氣有關，對手必定是因為運氣好而獲勝。任何的解釋都會導致認知失調。

若以這種方式思考，將會發現自己歸因別人的結果，不過是「自利偏差」的一部分。透過這角度去觀察，歸因模式才有意義。

然而，比較自己與他人的結果並不一定是零和遊戲（某位玩家直接輸給另一位玩家，某位律師輸給對方的律師，或是某位銷售人員的訂單被對手搶走等）。我們確實要與所有人競爭資源，人的基因會彼此競爭。演化生物學家理查．道金斯指出，天擇就是基因表現型相互競爭，因此人演化就是為了競爭，這是人類生存的驅動力。透過競爭的角度看待世界，這種觀點深嵌入人類的原始大腦。

僅靠本身的成就來提升自我形象還不夠，當我們發現同儕獲勝時，相比之下會感覺自己輸了。我們習慣以自己為基準來看待別人，如果別家小孩比我們孩子成績更好，是不是我們對孩子的教養哪裡出錯了？若對手的公司被報導即將上市，而我們卻只能緩步邁進，到底是哪裡出錯了？

我們自認知道如何才能快樂。加州大學河濱分校的心理學教授索妮亞．柳波莫斯基（Sonja Lyubomirsky）針對快樂主題寫過幾本廣受歡迎的書籍。她看了幾篇探討「人們通常如何考慮快樂要素」的文獻，做出了以下總結：「收入良好、身體強健、婚姻美滿，以及沒有經歷悲劇或創傷。」

然而，柳波莫斯基發現，「近一個世紀以來，針對幸福決定因素的研究得出一項普遍的結論：客觀情況、人口統計變項和生活事件與快樂有關聯，根據直覺與日常經驗，這種關聯應該更為緊密才對。但幾次估算之後發現，將這些變量加起來，最多只占幸福變量的八％至一五％。」多數的幸福變量來自我們「相較之下」做得如何。所有針對幸福的研究，其深度、廣度和影響都很重要，但範圍太廣，超出我們目前所需，目前只要先理解我們如何去分類他人的結果。我建議大家去閱讀柳波莫斯基針對這項主題所寫的文獻、丹尼爾．吉伯特的《快樂為什麼不幸福？》及強納森．海德特（Jonathan Haidt）的《象與騎象人》（*The Happiness Hypothesis*，網路與書出版）。

我們透過與其他人相比來評價自己的幸福，其實有個典型的例子，就是派對時經常玩的問答遊戲「你想選哪項」（Would You Rather...）。如果有人問你想在一九〇〇年賺七萬美元，或是在現代賺七萬美元時，許多人會選擇一九〇〇年。沒錯，當年的年收入平均大約為四百五十美元，因此能賺到這麼多錢，跟一九〇〇年的同儕相比確實非常出色。然而，當年無論花多少錢也買不到局部麻醉劑奴佛卡因（Novocain）、抗生素、冰箱、冷氣機，或是如今可以單手握住的超級電腦。

在一九〇〇年賺七萬美元可獲得現在得不到的東西，就是鶴立雞群、高人一等的機會。一九〇〇年時，人均壽命只有四十七歲，現代人平均可活到七十六歲（還可手握一台電腦），人們卻寧願選擇回到過去。

我們對自己有何種觀感，通常來自於認為本身跟別人相比如何。這種強大且普遍的思維習慣會阻礙學習。幸好，習慣可以改變——無論是咬指甲或失敗時譴責運氣不佳。改變讓自己感覺良好的習性，就能逐漸以更理性的方式去歸因結果，並且更能同情他人。如果我們能追求真理並且更精準、客觀地看待結果，藉此營造更為積極正面的自我敘說，如此便能學得更好，同時讓思想更加開放：將功勞適度歸於別人、承認自己原本可以做得更好，以及承認任何事都不是非黑即白。

重塑習慣，從改變常規開始

菲爾．艾維（Phil Ivey）是最容易承認自己可以做得更好的人，他是頂尖的撲克玩家，牌技高超且自信滿滿，廣受其他玩家尊敬。菲爾從二十歲出頭就聲名鵲起，成為頂尖的現金玩家、頂尖的錦標賽牌手、頂尖的兩人對決玩家，以及頂尖的混合牌局玩家：他在各種撲克賽事都是一流高手。我先前說過，職業撲克選手不免陷於「自利偏差」，而菲爾卻是例外。

二〇〇四年，我哥擔任某項比賽評論員，為電視轉播的決賽桌講評。決賽桌上高手雲集，菲爾卻將他們打得落花流水。菲爾奪冠後跟我哥去一家餐廳吃飯，席間他解構了自己可能犯下的各種出牌錯誤，並詢問我哥的看法。一般玩家在勝利後可能會自我炫耀，但菲爾不是這種人，他認為從錯誤中學習，遠比在用餐時慶功更重要。他贏了獎金五十萬美元，打敗世界頂尖高手，在漫長的撲克錦標賽中奪魁，此刻做的竟是跟專業夥伴討論如何精進牌技。

菲爾如今已贏得十次世界撲克大賽冠軍。我聽其他人說過，在某次菲爾摘冠後去吃晚餐，席間也是檢討自己的打牌策略。據我所知，他當晚與其他專業玩家鉅細靡遺地討論應該如何更加善用拿到的牌。菲爾的習慣顯然跟多數撲克牌玩家（以及任何行業的多數人）不同，他會用不同方式為自己的結果歸因。

我們的習慣會在由三個部分組成的神經迴路中運作：提示（cue）、常規（routine）和獎勵（reward）。以吃餅乾為例：提示是「飢餓感」，常規是「翻箱倒櫃找餅乾」，獎勵是「血糖升高」。那麼在打撲克時，提示可能是「贏得一手牌」，常規是「攬功」，獎勵就是「提升自我」。查爾斯・杜希格（Charles Duhigg）在《為什麼我們這樣生活，那樣工作？》（*The Power of Habit*，大塊文化出版）提出改變習慣的黃金法則：處理習慣的最佳方式是尊重習慣迴路，「要改變習慣，必須維持舊的提示並提供舊的獎勵，但插入新的常規。」

當我們遇到好結果時，它會提示「將結果歸功於自己明智決策」的常規，進而提供獎勵，讓我們從正面去更新自我敘說。糟糕的結果會提示「卸責」的常規，進而提供獎勵，讓我們不從負面去更新自我敘說。面對相同的提示，我們會翻轉常規去評判同儕的結果，然後得到同樣的獎勵，也就是自我感覺良好。

話雖如此，我們可以替換掉使自我感覺良好的東西，以改變這種心理習慣。根據改變習慣的黃金法則，不用放棄從正面去更新自我敘說的獎勵（也不應該這樣做）。杜希格知道，尊重習慣迴路，就是尊重人腦的建構方式。

人的大腦會追求自我形象的正面更新，也會從與同儕的競爭來看待自我。由於我們無法在大腦安裝新的硬體，重塑習慣時順從大腦的建構方式，絕對會比反抗它更能順利達成目標，所以最好去改變較有可塑性的部分，也就是讓人自我感覺良好的「常規」，以及我們與人比較時的特性。

至少造在俄羅斯心理學家巴夫洛夫（Ivan Pavlov）的時代，行為研究者⑩已經知道替代生理迴路能發揮巨大功效。巴夫洛夫在他著名的實驗中與同事發現，狗在即將被餵食時會流口水，也會將某位技術人員與食物聯繫起來：當那名技術人員一出現，便會觸發狗流唾液的反應。巴夫洛夫發現，狗可以學會將任何刺激（包括那著名的鐘聲）與食物產生連結，這些刺激會觸發狗流口水。

我們可以努力改變自己敲響的鐘聲，代替讓我們流口水的東西。不妨盡量學習將功勞歸給別人、承認自己犯錯、從好結果中找出自己在何處犯錯、好好學習，最終才能成為好的決策者。承認錯誤時別感覺不好，萬一我們這種不好的感覺而選擇逃避責備，可能會因此喪失學習的機會。或者可能沉溺於好結果帶來的榮譽，而無法像菲爾一樣知道自己原本可以做得更好？如果我們為此付出努力，便可將「自利偏差」和「動機性推理」的無效習慣，轉化為具有成效的習慣。假使我們練習這種常規，便能開放心胸，從更為客觀的角度去歸因結果，極力追求正確和真理，從而驅使自己去學習。當心智習慣因此而改變，我們的決策也將符合自己的長期目標。

像菲爾之類的人會去尋求真理，不陷入以結果為導向的習慣去攬功或卸責。我們檢視每個領域的頂尖人士時，發現這些人經常能跳脫（甚至完全避免）阻礙學習的「自利偏差」。若要盡量維持完善的自我敘說，必須養成準確自我批評的習慣。

頂尖運動員會檢視結果以尋求突破。美國女足明星米婭．哈姆（Mia Hamm）曾說：「很多人說我是全球最佳的女子足球運動員，我卻不這麼想。正因如此，有朝一日我才可能成為頂尖選手。」這也許是她面對媒體的謙虛之詞，但我們知道許多有反例，好比網球選手約翰．馬克安諾（John McEnroe）會和裁判爭執球是否壓線，或者高爾夫球職業選手在果嶺上推桿失誤後，總會盯著推桿失誤的路線，敲擊被釘鞋踩出但看不見的小洞。這些不是習慣性動作，而是美巡賽（PGA Tour）的一種儀式：如果十拿九穩的推桿失誤了，便得瞪著果嶺，好像犯錯的是它。然而，知名高爾夫球選手菲爾．米克森（Phil Mickelson）練球時，會把十顆球放在距離洞口三英尺的圓圈上。他要求自己將十顆球都推進洞，並如此「再反覆練習九次」。

⑩ 作者注：巴夫洛夫提出開創性的研究，而我們熟知的「行為研究」當年甚至還不存在。巴夫洛夫是醫生兼生理學家，專門研究狗的消化系統。

像米克森這種等級的高爾夫球選手，若習慣將失誤推給釘鞋踩下的小洞，就不會從事如此嚴苛的訓練。

改變常規很困難，必須付出努力才行。然而，我們可以善用自己的天然傾向，將自己與同儕相比，從中獲取某些自尊。正如杜希格說過的「要尊重習慣迴路」，我們也得尊重人天生就是會競爭的概念，知道自我敘說無法脫離現實。保持自己比同儕做得更好的感覺來獲得獎勵，不過要改變自我比較的特性：要比同儕更能將功勞歸於他人、比別人更願意承認錯誤、更願意開放心胸去探索一項結果可能肇因於哪些因素，甭管這樣做是否會讓別人更瞧不起（或更看得起）我們。如此一來，我們將能透過「比較」來感覺自己做得很好，因為我們正在做不尋常的困難事情，多數人根本不會做這種事，並因此感覺自己很特別。

一旦我們開始聆聽，將聽到四處都是某種聲響，就如我在撲克牌錦標賽休息時聽到的那樣：「一切都很順利，因為我做了很棒的決定。」「一切都很糟糕，因為我的手氣太背。」這是先前那位律師每天審判結束後，從資深合夥人那裡聽到的話；這是二〇一六年共和黨總統初選的辯論會上克里斯．克里斯蒂所說的話；這是我在打過牌的每間撲克房曾聽到的話。有時（現在依然如此）我也說過這種話，但我逐漸學會如何運用這種聲響去跳脫「自利偏差」的陷阱。我會承認錯誤、知道自己得靠點運氣才能成功、看到其他玩家打了好牌而讚美他們，以及渴望跟人討論某一手我認為自己打得很爛的牌，因為我可以從中學習經驗。每當我這樣做，那種聲響會提醒我：你做的事很困難，別人不會經常這樣做。我只要找到其他玩家錯失的學習機會，就會自我感覺良好，如此就更能改變常規。

照理來說，當人發現自己比較好時，不會將自己與其他人比較或感覺良好。我們可以採用佛教的正念，觀察內在思想、情感和身體感覺的流動，而不將其視為好或壞。這是個崇高的目標，我會定期練習正念。研究指出，正念有助於提高生活品質，值得人們去追求。然而，若不辭掉工作並搬去西藏修行，一路上總會面臨艱鉅的挑戰。它違背大腦的發展方式與人類的競爭動力。更為務實且能即時發揮成效的做法，是運用我們所擁有的，同時善用比較使自己更專注於尋找準確性與求真。此外，我們不必逃離俗世，前往遙遠的山區過活。

我們需要改變思維，制訂計畫來培養更有成效的心智習慣，首先得審慎思維，需要有先見之明並切實去踐行。如果能夠堅持到底，就會習慣成自然，翻轉我們反射性的思維。

要如此轉變思維，就得知道將結果歸到運氣面或技能面時，很可能會喪失某些東西，因為我們做出歸因決定時就會冒很大的風險。下注的思維是很明智的方式，可由此養成習慣以達成我們的長期目標。

從不同視角看事物，將更接近事實真相

若將結果歸因視為下注，便可落實重塑習慣必需的心態轉變。如果有人質疑我們是如何歸因結果，我們便能立刻跳脫「自利偏差」。如果我們真想贏得賭注，就不會反射性地將壞結果視為運氣不好，或將好結果視為自己技巧好。（如果你走進撲克房，到處講「鐵定」和「絕對」之類的話，很快就會有人找你對賭。因為要贏觀點極端的人簡直輕而易舉。）

如果你的車子因開上一片沒注意到結冰的地面而失控，結果在十字路口發生事故，你的第一個念頭可能是真不走運。但如果要你針對這點打賭呢？若考慮各種細節，可能會有許多比運氣不好更合理的因素。看到天氣狀況，你應該已料想到路上會有一些冰；也許你在這種天氣狀況下開得太快了；當車子開始打滑，也許你可以轉往不同的方向，或是不該在那時踩剎車；你也許應該走另一條更安全的路線，選擇會灑鹽融冰的主要道路；你也許不該開福特野馬上路，而應該開雪弗蘭 Suburban 休旅車。

有些理由很容易駁斥，有些卻很難。關鍵在於要明確意識到「我們歸因結果就是在下注」，如此才能更嚴肅地考慮其他原因。這樣就是求真，也是菲爾．艾維一直在做的事情。

下注有輸有贏，我們會因此去檢視、改善本身的信念，此處信念指的是我們認為導致事

情結果的主因到底是運氣或技巧。對自己的信念下注，就會更仔細去研究，進而顯露隱含之事：評估一件事的發展原因，就得冒極大的風險。這聽起來就像下注，非認真看待不可。

將結果歸因視為下注，便會敦促我們用更客觀的角度將結果歸到合適的面向，而想要贏得賭注就得如此做。贏的感覺很棒，人一獲勝就會從正面去更新自我敘說，勝利就是獎勵。如果練習足夠（利用自我感覺良好的獎勵來加強練習），將歸因結果視為下注的觀念就會變成一種心智習慣。

下注的思維會讓人放開心胸去探索各種另類假設，尋找其他支持結論的原因，以此替代「自利偏差」的常規。我們更可能會認真地去探索論述的另一面，進而更接近事實的真相。

下注的思維也能使人從不同的視角看待事物，比較我們在歸因自己的結果和別人的結果時有何差別，藉此得到更客觀的事實。人總是會去貶低同儕的成就，將別人的失敗歸咎到他們頭上。若想知道該如何下注，最好去想像那結果若發生在我們身上會是如何。如果競爭對手簽下一大筆訂單，我們自然而然會去貶低他們的技能；但假使想像簽下那筆訂單的是我們，就比較可能將功勞歸給對手，認為他們做得很棒，進而使自己也能從中學習。同理，當我們簽下大筆訂單時，在為自己慶賀時不妨稍加保留，從若是別人簽下這筆訂單的角度去檢視這個業績。如此一來，我們更能知道如何精進自我並找出無法控制的因素。轉換視角之後，會更接近事實——因為事實通常位在我們如何替自己和他人歸因的中間地帶，採取別人的觀點，就更可能落在那個中間地帶。

一旦我們開始積極訓練自己去檢測其他的假設、採取不同的觀點，會明顯發現結果很少源自於絕對的運氣或技巧。這表示引入新訊息之後，除了原本無庸置疑的確認想法或反面觀點，其實還有其他選項。不妨沿著一道光譜去修正信念，因為信念本身「就是」一道光譜，並非沒有中間立場，不必在兩個極端之間做選擇。

這會讓我們對自己和他人更有同理心。若將結果歸因視為下注，便能不斷提醒自己，結果很少是由單一原因造成，也知道確認各種原因時總會面臨不確定性。只要將負面結果轉為正面，從中把握學習機會，就不會因為負面結果而感到那麼刺痛。你不必處處提防負面結果，因為它不僅可以讓你學習如何改善自我，也能找到自己做得不錯的事，同時也發現超出你掌控的事。你會了解，「不知道」是沒問題的。

當然，這樣做雖然免除了為不良後果擔責的恐懼，但也失去宣稱良好結果全是因自己技巧高超的快感。這是我們應該做的替換交易，別忘了前面說過，失敗的痛苦比獲勝的喜悅強烈兩倍。感覺不好大約也比感覺良好強烈兩倍。當我們不必隨時戰戰兢兢時，生活就會過得更為舒爽。只能從幸福或苦難二選一，這實在不是一種體恤自己的生活方式。

當你將結果歸因視為下注時，也會更多同情別人。從別人的角度去檢視他們的結果，你必須自問：「此事若發生在我身上，會怎麼樣呢？」這樣在評估他人時會更有同理心，認為壞事並非全是因為他們犯錯，好事也不是都源於運氣。你會更容易設身處地替別人著想。如果人們能夠這樣想，巴特曼的生命也會大為不同。

請重塑思維習慣，否則愈做愈糟

從下注的角度去思維很困難，特別是在剛開始嘗試的時候。一開始我們必須刻意去做，不僅做起來很慢，還會有點彆手彆腳並感覺怪異。當然，偶爾甚至會感覺這樣做沒有意義。假設你沒有得到晉升，可能會想該如何做才能感覺更好，必須去承認某某人比你更值得升遷，你也可以從他身上學到很多。你得努力克制自己，才不會抱怨上司是個混蛋，認為他根本分不清楚誰才是人才。

那種感覺出於天性。我根據這些學習和追求真理的原則去建構自己的撲克生涯，但不免仍會掉進「自利偏差」和動機性推理的陷阱。杜希格告訴我們，要投入時間、做好準備、不斷練習與重複執行，如此才能重塑習慣。

讓我們先看看要如何改變其他種類的習慣。如果我喜歡半夜起床吃餅乾，就需要投入精力與意志力才能改變這種習慣。最開始必須找出想要改變何種習慣，並找出替代的常規，然後刻意練習那種常規，直到重塑習慣為止。因此，我需要買些蘋果擺在家裡，讓自己更容易可以啃蘋果。然後我必須在半夜時切實去吃蘋果而不是餅乾。我必須重複這項常規，一直到自己養成了新的習慣。想要做到這點，就必須投入精力、意志力與時間。

儘管困難重重，透過機率思維（probabilistic thinking）去尋找準確性是值得嘗試的常規做法。首先，事情並非總是如此困難。我們一開始必須刻意去做且投入精力，但它終將會變成一種心智習慣。將不確定性納入信念也是一樣，最終會從有點愚蠢和尷尬的多餘步驟變為一種習慣，讓人以此去看待周遭世界。

運用下注的思維當然不是萬靈丹，它無法讓「自利偏差」或動機性推理消失，卻能讓事情變得更好。若要翻轉生活，就得一點一滴改變。如果能更準確地為許多結果歸因，從中掌握每個學習機會，便能大幅改變學習的內容、時機與方式。

打撲克是現實世界決策過程的濃縮版，我從打牌經驗中知道，只要做出更好一點的決策，情況將會大為翻轉。一場撲克賽局包含了好幾百手的牌。每手牌可能需要做出多達二十項的決定。隨著牌局的推進，如果出現一百種結果可供學習，而我們只掌握其中十種，那就是喪失了九〇％的學習機會。我們無法擺脫大腦的運作方式，替自己打造一顆新頭腦，但也無須這樣做。如果我們的對手是像「希臘尼克」一樣浪費任何學習機會的玩家，即使只掌握一〇％，顯然還是勝過他們。假使對手與我們相似，卻沒有不斷改變處理結果的常規，這些人（我們本身的先前版本）可能掌握了五％的學習機會。面對想學習卻不得其法的對手，即使我們虛擲了九〇％的機會，依舊可以輕鬆擊敗他們。[11]

只要找到額外的學習機會，好處就會在日積月累之後增加。若能稍微做出更好的決策，效應便會如同複利一樣累積，長期下來會造成巨大的影響。我們抓住額外的偶然學習機會，將會讓我們處於更好的位置，日後更能去掌握同一類型的機會。只要改善決策品質，未來就能處於更好的位置。不妨把它想成一艘從紐約駛向倫敦的船。如果導航設備出現一度的誤差，起初幾乎難以察覺；倘若不加以調整，船會逐漸偏離正確航道，最終抵達時將會錯過倫敦數

⑪ 作者注：這些數字當然是捏造的，但至少趨近現實情況。最差的玩家可能一次學習機會都掌握不住一次，而最好的玩家也無法完全掌握一百次機會。菲爾．艾維（曾在撲克錦標賽中贏得超過二千萬美元的彩金，在高籌碼的現金賽局中可能賺到更多的錢）即使贏得某些重大的賽事，仍認為自己犯了一些錯誤。

英里，這是因為一度的誤算累加起來的結果。下注的思維能幫助你修正航道。即使只做小小的修正，也能更安全地抵達目的地。

第一步是「確定想要重塑的思維習慣，以及該如何重塑它」。這一步很困難，需要耗費時間與精力，沿途還得處理許多失誤。第二步是知道「如果我們並不孤單，做出這些改變會更容易」。尋求幫助非常關鍵，可以讓人更快、更踏實地做出改變，同時強化與訓練我們求真的新常規。

第4章

建立同伴制——透過求真團體改善決策品質

並非人人都想求真

勞倫・康拉德（Lauren Conrad）因MTV頻道自製的《比佛利拜金女》（*The Hills*）真人實境秀而走紅。她在二〇〇八年十月曾上《大衛深夜秀》（*Late Show with David Letterman*）接受訪問，結果卻出人意料。當時康拉德二十二歲，脫口秀節目一開始便照例諷刺她的各種驚爆事件，但康拉德不久後便詢問主持人大衛・賴特曼，為什麼要叫她白痴。

康拉德上節目時，劈頭說她和前室友海蒂・蒙塔（Heidi Montag）及海蒂的男友斯賓塞・普拉特（Spencer Pratt）不斷爭吵。我怕大家不熟悉內情，以下先提供故事背景：康拉德指控海蒂和斯賓塞散播謠言——說她拍了一部性愛影片，結果雙方在生日派對上起衝突，彼此友誼當然告吹。然而，康拉德也是斯賓塞的妹妹斯蒂芬妮（Stephanie）與海蒂的妹妹荷莉（Holly）的朋友，因此相關人士的社交及家庭關係複雜萬分。此外，康拉德也無法加深與室友奧德利娜（Audrina）和蘿（Lo）的友誼，因此當奧德利娜與康拉德關係變緊張之後，便重新與海蒂建立友誼。布羅迪・詹納（Brody Jenner）也來蹚渾水。詹納與康拉德約會，卻質問康拉德為何同時與《青少年時尚》（*Teen Vogue*）雜誌模特兒約會（但其實他自己也和別人約會），他曾因為與康拉德交往而和斯賓塞吵架，甚至被人指控散播康拉德性愛影片的謠言。

康拉德生活會遭遇這麼多戲劇化情節，就是主持人大衛插話時所說的：「我在想，或許問題在於妳，妳認為呢？」原本這段訪談是要為康拉德宣傳，但主持人說了這句譏諷的話之後，場面頓時失控，令人坐立難安。

大衛立刻發現這段談話已經陷入更深層、嚴肅的領域，而誰也沒料到事情會這樣發展。他試圖自我解嘲來緩和局面，說自己曾經也認為身邊的人都是白痴，因此多年來一直無法完成「學習循環」。

大衛說：「讓我舉自己的例子……有很長的一段時間……我在想：『哎呀，大家都是白痴。』接著轉念一想：『或許每個人都是白痴？我可能就是這樣。』事實證明，我的確是個白痴。」

康拉德顯然聽不進去，回答：「所以，我是個白痴嘍？」專門報導真人實境秀、八卦、媒體、流行文化的網站讓這段訪談永久定格，從以下角度來看待此事：大衛根本就認為康拉德是個白痴、大衛斥責康拉德、大衛取笑康拉德。

大衛的評論其實頗富洞見，不過他不該在脫口秀給予這種建議，況且康拉德壓根兒就不想和他探究真理。

康拉德經歷了許多怪事，情節張力十足，甚至多到MTV頻道得連續推出「兩個」節目來報導。但康拉德跟多數人一樣，認為那些只是在她身上發生的一連串事件。換句話說，她自認無法控制這些戲劇性的事件（屬於運氣面），但大衛認為某些事件可以歸到「技巧面」。倘若康拉德願意虛心接受，日後可能會從中受益。可惜她沒聽進去，但這絲毫不奇怪。

大衛提出意外有用的另類假設，但他是深夜脫口秀的主持人，要做的應該是插科打諢和宣傳來賓。如果大衛主持的是像歐普拉・溫弗瑞（Oprah Winfrey）風格的黃金時段訪談，或是明星同意聊這類話題的身心療癒實境秀，如此可能會比較合適。事實上，大衛違反了公認的「社會契約」（social contract）[1]，在康拉德還沒同意和他一起求真之前，就要她對自己的歸因結果下注。

我也有過類似的情況。在撲克錦標賽中我曾與一位拿到方塊六和方塊七卻輸錢的人聊天。我以為他想聽我的意見，於是請他提供更多訊息，以便了解他「將輸錢結果視為運氣不佳」的看法是否準確。這位仁兄向我抱怨，其實他只想吐吐苦水。我向他探詢更多細節時，並未顧慮到他的想法。當時的我就跟大衛一樣，一心想提供建議。

看完這種人與人之間的互動，就知道我們並非隨時都能追尋真理，而且不是人人都對此感興趣。話雖如此，如果你想讓自己更能運用下注的思維，身旁有多一點像大衛這種人，便可能從中獲益。就如同「正牌」大衛從自己與康拉德的尷尬談話中學到的：若想提出建言，必須雙方願意開誠布公，交流始能發揮成效。

找人商量，可以做出更好的決策

在經典科幻電影《駭客任務》（*The Matrix*）中，當基努·李維（Keanu Reeves）飾演的主角尼歐（Neo）和勞倫斯·費許朋（Laurence Fishburne）飾演的神祕人物莫斐斯（Morpheus）見面時，尼歐問莫斐斯「母體」（the matrix）是什麼。

莫斐斯想向尼歐展示實情，但要他選擇服用藍色藥丸或紅色藥丸，「如果你吞下藍色藥丸，事情就結束。你會從床上醒來，選擇相信你想相信的東西；假使你吞下紅色藥丸，就會留在愛莉絲夢遊的仙境，我會告訴你兔子洞有多深。」當尼歐伸手拿藥丸時，莫斐斯提醒他：「記住，我只會告訴你事實。」

① 譯者注：這種概念可解釋個人和政府的適當關係，認為人們是彼此同意規則才融入政治與社會。

尼歐選擇體驗真實的世界，他服下紅色藥丸，然後看到一連串令人驚駭之事。原來尼歐體驗的舒適世界是機器創造出來的夢境，他被囚禁於其中，不論工作、生活方式、衣服、外表與整個生活環境，全都是被植入腦中的幻覺。在現實世界，尼歐服用紅色藥丸後，身體便脫離餵食艙，接著被沖入下水道，最後被莫斐斯的海盜船「尼布甲尼撒號」接走。莫斐斯和他的團隊（當尼歐吞下紅色藥丸時，便成為其中一員）是對抗機器的反抗分子，統統擠在侷促的住所、睡在不舒適的小房間、喝稀粥與穿破爛衣物。機器則四處搜尋，試圖殲滅他們。

然而，尼歐因此看到了世界的真實面目，最終甚至打敗了奴役人類的機器。

電影中的母體比現實世界更為舒適，而我們的大腦也同樣如此發展，會讓人感覺更為舒適：我們的信念幾乎正確無誤；好的結果是由於我們技巧高超；我們振振有詞，認為自己無法掌控不好的結果；我們與同儕相比毫不遜色。大腦會否認（或至少淡化）訊息中最令人痛苦的部分。

放棄不是容易的選項。畢竟住在母體中很舒服，人也是如此處理訊息來維護自我形象；選擇退出母體，便是努力去探索更為客觀的世界。這樣做偶爾會感到不舒服，卻能讓人比較快樂，久而久之也會更成功。

然而，這種權衡利弊並非適合每個人。一個人必須出於自由選擇如此去做，方能堅持不懈與獲得成效。莫斐斯和大衛不同，他沒有強迫別人退出母體，而是先要求尼歐選擇，一起和他退出母體。

如果各位能讀到此處，我想你們應該是選擇紅色藥丸，放棄了藍色藥丸。

當我開始玩撲克時，我選擇求真。我和尼歐一樣不太情願如此選擇，而且不確定日後會遭遇什麼。我哥對我很直率，那時我出於直覺，會抱怨自己運氣不好，看別人打牌打得很爛時會很驚訝，拿到爛牌而可能輸掉時會抱怨不公平；而我哥想和我談談對策略決策有何疑問，覺得自己在何處犯錯，以及拿到某一手牌時為何感到困惑而無法打牌。我哥有一群聰明的玩家朋友，他們來自東岸，精於分析，有許多人——比如艾瑞克．賽德爾（Erik Seidel）②——正逐漸闖出名號，日後將成為撲克界的傳奇人物。我發現我哥不斷傳授他從這些友人那裡學到的技巧，此外還請這些非凡的職業撲克牌選手在與我討論牌技時，將我視為同儕。

② 作者注：艾瑞克是有史以來最優秀且最受人尊敬的撲克牌玩家之一。在我撰寫本文時，他已贏得八只世界撲克大賽冠軍手鐲，各項錦標賽獎金也超過三千萬美元。一九九〇年代初期，我在賓尼恩馬蹄鐵賭場首度參加世界撲克大賽，當時艾瑞克已連續在該賽事稱霸三年。

我非常幸運，能在職業生涯早期就融入這群世界級玩家中，不時向他們學習牌技。我若想跟這群人討論如何打撲克牌，就得質疑自己的策略，但我對此也感到慶幸。我不得不壓抑自己抱怨運氣不好的衝動，專心找出可能是在何處犯錯，以及拿到某一手牌時曾為了什麼感到困惑而無法出手。我同意這群人的參與規則，必須學習去著眼於自己能掌控的事（本身的決定），拋棄不能掌控的事（運氣），同時要能準確地指出這兩者之間的差異。

我從這種經驗中了解到，如果有人從旁協助，會更容易運用下注的思維（連救世主尼歐都得靠他人協助來擊敗機器）。以前在校外教學或營隊常有同伴制——老師或輔導員會讓每個人與另一位夥伴配對，同伴要避免我們不慎走到深水處，我們也要盯緊同伴，而一個好的決策小組就是大人版的同伴制。即使有旁人協助，人在處理訊息時仍無法完全克服天生的偏見，我當然也不例外。但若能找到志同道合的人一起來求真，並協助我們處理困難的工作，便能有些許進展。雖然進展不大，但隨著時間推移，便可在逐漸積累、複合中有所精進。我們將更能破除偏見，從更客觀的角度看待世界，最終可以做出更好的決策。若只靠自己，做起來會比較艱辛。

我們可以找朋友和家人一起商量決策，也能私下找同事商討，或是與企業的策略小組討論，甚至加入專業組織，與團隊成員分享如何決策。組成或加入專注於下注思維的團體，就得修改常見的社會契約：我們得敞開心胸、即使感到不自在也得認同與我們意見不同的人、適時稱讚他人，並且承擔責任。因此在與別人合作時，我們必須明確指出社會契約已經修正，否則大家因受到傷害而展開自我防禦之後，將會鬧得很難堪，甚至可能陷入大衛·賴特曼的窘境——別人根本不想聽你的意見。

因此，當我們邀請別人與自己一起運用下注的思維時，最好還是遵守現行的社會契約，不要逢人便問：「你要打賭嗎？」以免把場面搞得很尷尬（我們並非不能與團隊以外的人一起求真，只是不要像大衛那樣直接刺探、強逼他人。等我討論完如何在團隊「內」溝通後，會再針對這點做探討）。

到處都可以看到團體，因為人們知道別人可以如何協助自己，也明白要找別人一起解決所面臨的挑戰。決策時請求他人協助，可以獲得許多助益，而最明顯的一點就是，別人會更容易發現我們本身的錯誤。我們可以幫助學習團隊的成員克服盲點與偏見，而他們也能提供這樣的協助。

尋求他人加入決策小組時會遇到阻礙（我在本章稍後會指出幾種阻礙，並同時提供克服的策略），但無論如何，找到同伴來監督你（指出你的盲點）是值得的。幸運的是，我們只需要找到一些願意探索事實、求真的人。其實，就算團隊成員只有三人（二人提出分歧意見時，另一人可當裁判）③，這種求真小組就相當穩固並且富有成效。

我們也要體認到，不同的人在我們生命中會扮演不同的角色。即使我們極重視求真，但不能認為每個人都必須這樣做，或是要對方以這種方式與我們溝通。求真不是盲目崇拜，無須和不想這樣做的人斷絕來往。我的朋友或那些與我們一起練皮拉提斯或踢足球的友人，不見得要吞下紅色藥丸才能跟我們來往。不同的朋友能滿足我們不同的需求，並非眾人都得如出一轍，畢竟不同群體可以使我們的生活適度平衡。然而，我們需要努力去承認、找出自己的錯誤而不會感到沮喪，在看到偉大的成果時讚美別人，甚至敞開心胸，了解自給的信念並非全然正確。一個人想要求真，就必須違背許多舒適行為。這樣做相當辛苦，我們偶爾必須緩一口氣，以此重拾意志力。

其實，在我的撲克策略小組中，大家都知道在準確為結果歸因前，有時也得暫時跳脫討論，先處理情緒。像是若有個人剛在錦標賽中被淘汰，我們會允許他說：「抱歉，我現在只想抱怨自己手氣怎麼這麼背！」但我們這樣做的時候，知道這只是努力求真過程的暫時例外狀況，一旦平復完情緒，就得回歸正軌。

我們都知道若找人加入團隊，就能做出更好的決策，也知道大家必須遵守協議。但協議的內容是什麼？若想要決策富有效果，必須具備哪些特點？這些問題在本章後面都會回答。

接著第五章我將以此為基礎提供藍圖，分享求真的團隊如何制定參與規則、防止成員偏離正軌，以及團隊如何幫助每位成員建立有效的心智習慣。

如何避免團體迷思？

組織良好的團體特別能協助成員破除或改變根深柢固的習慣，這並不是什麼瘋狂或新穎的說法。大家都知道，人可透過團體去改善不良飲食、酗酒或有害健康的習慣，其中最知名的就是匿名戒酒會（Alcoholics Anonymous）。

威廉・格里菲斯・威爾遜（William Griffith Wilson）是匿名戒酒會的創始人之一，他最初戒酒時歷經千辛萬苦，多年間不斷失敗、陷入絕望、住院治療、服藥醫治，並經歷改變心靈的宗教體驗。然而，威廉發現若要「保持」清醒不買醉，必須跟另一位酗酒的人交談。他前

③ 感謝菲爾・泰特洛克（Phil Tetlock）告訴我這個很棒的說法。

往俄亥俄州的亞克朗（Akron）時遇到了匿名戒酒協會第二位創辦者鮑伯醫生（Dr. Bob）。鮑伯醫生當時被家人和其他醫生認為是無可救藥的酒鬼，卻能讓威廉一路上不喝酒；反過來威廉也協助鮑伯醫生戒除了酒癮。匿名戒酒會後來幫助數百萬人戒酒，並引領其他團體採用相同的方法助人戒除根深柢固的惡習，例如：吸毒、抽菸、暴飲暴食與虐待他人。這種方法即是源自於「人可透過他人幫助而表現得更好」的概念。

團體的運作成效「可以」超越個體運作的總和，但並不會自然變成如此。一個人加入團體後，可以藉由探索其他選項並發現自己的偏見，從而提高決策品質，但團體也可能讓人鞏固本身的信念。

菲利普．泰特洛克和珍妮弗．勒納（Jennifer Lerner）是團體互動科學的領導者，他們曾在二〇〇二年發表一篇具有影響力的論文，文中描述兩種團體推論的風格：「『驗證性思考』（confirmatory thought）是單方面合理化某種特定觀點；但『探索性思考』（exploratory thought）卻是不偏不倚考慮各種觀點。」換句話說，驗證性思考會加深偏見，進而導致動機性推理，因為其主要目的是「合理化」。驗證性思考會讓人更熱愛與頌揚自己的信仰，扭曲團隊處理訊息的方式和決策過程，結果可能變成「團體迷思」（groupthink）。另一方面，探索性思考會鼓勵成員敞開心胸，從客觀角度去考慮各種另類假設，願意容忍異議以壓制偏見。

探索性思考能幫助團隊成員更準確地描述世界。

如果沒明確規定該如何進行探索性思考及「當責」（accountability）④，人與同儕互動時會趨向遵循本性，我們天生就傾向驗證性思考，「迴聲室效應」（echo chamber）⑤就是能說明這種傾向的例子。我在撲克錦標賽休息時段，會聽到某些玩家一同說出這類言論。某位撲克牌手抱怨自己運氣不好時，另一個人會點頭認同，接著講述自己的不幸遭遇，其他人則又跟著點頭贊同。

勒納和泰特洛克提出見解，說明團體的協議內容應該包含什麼，藉此避免驗證性思考並促進探索性思考。二位學者指出：「決策者在打定主意前，必須先傾聽某些人的想法，這些人應該：一、尚未表明觀點；二、對準確性感興趣；三、充分掌握訊息；四、有正當理由探究參與者判斷或選擇的背後原因。如此一來，才最有可能刺激複雜、多樣與開放的觀點。」當決策者必須對某團體「負責」，而該團體對「準確性」感興趣，便可協助改善決策者的思維。

④ 編按：表示「願意或認為有義務向別人解釋自己的行為或信念」，作者後面會探討此概念，為避免造成閱讀困擾，在此先作說明。

⑤ 譯者注：指在社交網路交流的人，經常只會聽到自己所認同論述的現象。

勒納和泰特洛克曾共同撰寫好幾篇論文支持前述結論，二〇〇二年論文是其中一篇。

除了當責和對準確性的興趣，也必須鼓勵並表揚「各種觀點」，以此抑制個別成員的偏見。紐約大學史登商學院教授強納森．海德特（Jonathan Haidt）是研究政治團體思想的頂尖學者。他根據泰特洛克的研究撰寫了《好人總是自以為是：政治與宗教如何將我們四分五裂》（*The Righteous Mind: Why Good People Are Divided by Politics and Religion*，大塊文化出版），書中提到人類需要多樣性：「如果你把眾多個體正確地擺放在一起，讓一些個體可以運用推理能力，駁斥別人的主張，而且所有個體都感受到某種共同的牽繫或共同的命運，從而產生文明互動，這樣就能創造出一個團體，可進行優異的推理，轉化為社會體制中突然出現的資產。由此可見，任何團體或機構的目標若是要追尋真相，那麼它就必須具備多樣化的智識和意識型態。」

歸納這些專家對團體互動的建議後，可以提出求真綱領的良好藍圖：

（一）注重準確性（多於驗證），包括鼓勵團體中有益的求真、客觀和開放態度。

（二）成員事先必須知道要當責。

（三）敞開心胸接納各種觀念。

根據這幾項原則來制訂的協議內容，會讓成員彼此產生聯繫並感受共同的命運，使團體能夠提出合理的推論。

只要了解下注的思維有哪些好處，對這些原則就不會感到驚訝。我們不會因為沉溺於自己的觀念贏得賭注，而是必須不斷修正自己的信念及對未來的預測，藉此更準確地描述世界，這樣下注才能獲勝。從長遠的角度來看，比較客觀的人會勝過持有偏見的人。如此說來，下注可謂負起責任去追求準確性，而要修正觀念，就得敞開心胸考慮各種觀點與另類假設。將這些都納入團隊綱領是非常合理的。

艾瑞克．賽德爾明確向我指出，必須明確告知成員團體的綱領。我十幾歲時便認識艾瑞克，但等到在撲克錦標賽中相遇，雙方才以同行的身分互動。我在職業生涯的初期，曾在比賽休息時段遇到艾瑞克，於是向他抱怨自己不走運而輸掉一手大牌。他當時說了三句話，包含了有效團體綱領的要素：「我不想聽妳抱怨。我不想打擊妳，但如果是對某一手牌有疑問，妳可以隨時問我出牌策略。如果妳老想抱怨自己無法控制的因素，例如：運氣不好，這種話就毫無意義。」

若你正在思考「求真該如何互動」的綱領，艾瑞克的話就說出了重點。他告訴我要跟他學習該遵守的規則；他提醒我不要陷入驗證性思考或抱持偏見（好比認為「我不走運」）；他鼓勵我去發掘自己能控制的因素，同時思考如何改善涉及這一切的決策。我知道未來與他互動必須針對這些因素發表意見。我們會探索各種想法，因為他堅持這是我們互動時的重點。

我有幸能加入求真的團體，因此能改善出牌的決策。當我針對當下的決策（好比提高賭注、管理籌碼或選擇賽局）提出諮詢時，便能根據他們的建議來減少犯錯；同樣地，我汲取其他人的各種策略與經驗，也不斷改善思維與決策品質。當我有了疑問或一頭霧水時，別人會看到我忽略的事情；當他們有問題或需要人提供建議時，我不僅是幫助他們做決定，也常因此更深入了解自己該如何出牌。我的牌技在不斷的互動中逐漸提升，並看到自己所忽略的事，甚至是某些得犯許多錯誤、付出高額代價才能想通的事。

更棒的是，與有相同動力的人交流，不僅能在直接互動時幫助自己拋棄偏見，在私下分析或制訂決策時也能發揮影響力。因為團體的觀點（以一種好的方式）深入我們的頭腦，改變了我們的決策習慣。

團隊獎勵強化決策準確性

我們都想被人看重，特別是希望被自己尊重的人看重。勒納和泰特洛克知道，每個人都極為強而有力地渴望「被認可」。他們指出，在多數實驗情況下，參與研究者都希望能向從未見過且日後永不再見的人解釋自己的行為。「這篇論文提出值得注意的一點（即使有極少的操縱成分在內），就是參與研究者的普遍回應，讓人覺得別人的認可很重要。」能獲得我們尊重對象的認可，這種感覺確實很棒，但我們仍然渴望認可，並希望從陌生人那裡得到認可。有成效的決策小組會利用「社會讚許」（social approval）來獎勵成員的準確性與誠信以對，以此駕馭這種欲望。

動機性推理和自利偏差是兩種心智習慣，深植於大腦而影響其運作。人投入許多精力去從事驗證性思考，總是不知不覺陷入偏見。驗證性思考很難被發現並改變，若是嘗試改變它，又很難不藉外力肯定達到「自我強化」（self- reinforce）。運用下注的思維是自我獎勵的一種方式；但若由別人獎勵我們，那自然是容易多了。

像匿名戒酒協會這類團體足以證明，支持性團體如何透過認可來獎勵成員，使其為改變習慣而付出努力。一些地方的匿名戒酒協為獎勵成員，會在他們戒酒保持清醒時頒發代幣或籌碼。代幣（經常被攜帶或量身改造為珠寶）屬於實體的提醒物品，表示別人認定配戴者正在做一件困難的事。有些籌碼代表某人已戒酒六十五年。此外，入會第一年若每個月都不沾酒也可獲頒某些籌碼。甚至有一種籌碼是頒給「保持清醒二十四小時」的成員。

對於團體認可改變個人思維習慣的力量，我曾親身體驗過。我「嘗試」讓自己盡力讚美別人、盡力願意承認錯誤，並在遇到好結果時盡力找出錯誤，以便得到團體的認可。我得到的獎勵是其他成員的熱情支持，同時深入為我介紹撲克策略的細微之處。他們都是聰明且成功的玩家，願意認真看待我提出的問題。漸漸地，別人也會來詢問我的意見，這一切都對我有益。然而，每當我抱怨運氣不好或期待他們讚美我贏得很漂亮時，這就違反了團體的綱領，其他人不會認同我。

雖然我從未達到完全著眼於準確性目標，團隊卻幫助我更能讚美他人、更能找出自己原本找不到的錯誤，以及更能敞開心胸去聆聽自己不認同的策略。我逐漸進步（雖然每次進步不多），朝著更接近客觀事實的目標邁進。長久下來累積些許進步之後，便深遠影響我的職業生涯。

當我開始打撲克時，只要「討論拿到哪幾手牌」，通常就是抱怨自己不走運而輸錢。我哥很快就懶得聽我訴苦。他定下規矩，說我只能針對獲勝的幾手牌提問。如果我想跟他討論，就得說出自己在那幾手牌中可能犯下哪些錯誤。

談論勝利（即使是從獲勝的過程中尋找錯誤）比談論失敗不讓人痛苦，使我更能養成新習慣。當我從獲勝的牌型中找出錯誤時，便是不斷學習去分辨結果和決策品質。每當我分析與質疑自己的決策，我哥和我尊敬的玩家都會予以認可，這讓我感覺良好。我憑著這種認可自覺了解撲克賽局，有可能成為職業牌手。當我從獲勝牌局中發掘不同的出牌方式或找出獲勝的運氣成分時，他們會讚揚我，使我感覺很棒。我逐漸能更多發揮這習慣，無論打任何牌（獲勝或失敗）都隨時發掘學習機會。

一旦加入經常強化探索性思考的小組，常規的練習就變成反射動作而獨立運行。如此一來，探索性思考就成為新的心智習慣、新的常規及自我強化的思維。依照心理學家巴夫洛夫的方式，我們努力從下注的角度去思維，並因此充分得到團體的認可後，在獨自著重於準確性時也能獲得相同的感受（被認可）。我們會內化團體的認可，只要養成習慣，即使不在團隊之中（畢竟多數時間都是如此），在做這種事情時也能感覺自己被認可。

當責如何改進決策？

大衛．格雷（David Grey）是高籌碼撲克玩家和職業賭徒，也是我的好朋友。大衛和其他賭徒曾在紐澤西州的賭馬場和保齡球館狂歡一夜，當時已經是深夜，大家都覺得肚子餓了，便有人提議去白城堡餐廳吃漢堡。這群人開始討論他們當中胃口最大的「鯨魚艾拉」（Ira the Whale）能吃多少漢堡。

他們誘使「鯨魚艾拉」說出自己能吃下一百個漢堡（白城堡的漢堡很小），多數人當然賭他吃不下這麼多。大衛卻不這麼想，他說：「我是個年輕人，才剛當賭徒不久。對我來說，無論輸或贏五十美元都是筆大錢。現在所有人大約下了二千美元的賭注，都不看好鯨魚艾拉。但我認為他做得到，我下兩百美元賭他贏。」

一行人抵達白城堡餐廳之後，「鯨魚艾拉」最初決定一次先點二十個漢堡，點餐時還順帶點了奶昔和薯條。大衛見狀，知道自己鐵定獲勝。

最後，「鯨魚艾拉」吃完了一百個漢堡，並跟大衛一起收賭注。後來，「鯨魚艾拉」又點了二十個漢堡外帶，說：「這是給鯨魚夫人吃的。」

所謂當責，就是願意或認為有義務向別人解釋自己的行為或信念。下注就是一種當責的形式。如果我們熱愛自己的觀點，可能會跟人對賭時輸錢。「鯨魚艾拉」針對自己能否吃下一百個白城堡漢堡跟其他賭徒對賭，讓那些人為他們的信念負責。約翰．漢尼根因為要為自己的信念負責（當責），才會（短暫）搬到德斯莫恩居住。在那種環境度過一段時日後，人就會開始高度察覺對本身信念的信心水準。或許我們不會像約翰一樣被迫做出或接受這種賭注，但這可以提醒各位，人總要對自己所信和所說的話有多準確而負責。我們總得說話算話。

人只要處在隨時有人提議對賭的環境，就會減少動機性推理。因為這種環境會改變我們檢視不確定訊息的模式，我們加入的求真團體必須鼓勵以這種模式帶來的改變。當我們發現可能和自己信念牴觸的證據時，不再透過既有模式去檢視而認為它有害。反之，我們會認為這種證據很有用，可以讓決策做得更好。每當贏得賭注，就從正面角度去更新自我形象。

當責等同於強化準確性，能讓我們即使不在團體的時候，仍能改善自己的決策和處理訊息的方式，因為我們「事先知道」得向團體說明自己的決策。在我撲克生涯的早期，小組曾提出建議，告訴我輸錢時若想避免受自利偏差的影響，就得預設「停損點」：只要輸了六百美元就得退賽。提供建議的玩家既聰明又經驗豐富，知道我輸錢時可能無法維持理智，難以判斷自己是因為倒楣或打得不好而輸錢。

預設停損點，就能避免自己喪失理智總想著翻本；然而，想靠本身的意志力去落實這點卻有困難。因為如果口袋裡還有錢，仍有可能拿出來賭；即使錢花完了，賭場還有自動提款機和其他可刷信用卡預支現金的機器。此外，撲克玩家們也很樂意把錢借給輸錢的人。

不過我不太可能違背預設的停損點，因為我得向團體負責。如果我碰到了停損點，而內心卻說：「這一局很棒，我得多下注。」此時通常會想到事後得向我尊敬的玩家們解釋自己為何這樣做。有了這種當責機制，我會在腦海中先跑過一輪對話：我會解釋自己手氣不順，但他們會說我的評估可能存有偏見。如此一來，我就能遏制住下更多籌碼的衝動。此外，我在輸掉比賽後，會想像自己將如何告訴團體成員，自己是如何決定退出賽局的。當我想到自己將獲得他們的認可時，就能稍微化解失敗的痛苦。

光是想像談論的過程，就能靠自己快速找出更多的錯誤。

想聽取各種觀點，就加入團隊吧！

英國哲學家約翰．斯圖亞特．彌爾（John Stuart Mill）是提倡下注的思維其中一位要角。在彌爾撰寫《論自由》（*On Liberty*，商務出版）一百五十多年之後，其社會和政治思想仍然廣為流傳，令人吃驚。《論自由》常討論的主題之一就是多元意見的重要性。彌爾認為多元性和異議不但能遏止不可靠性，也是檢驗意見真偽的唯一方法。「若想全面了解某個主題，就是聽取各方意見，並且研究各種心態的人看待它的模式。智者若不用此一方法，根本無法獲得任何智慧。想透過其他方式變得明智，也不符合人類智慧的本質。」

彌爾頗有洞察力，主張簡潔犀利。人光靠自己只能提出一種觀點，但如果集合一群觀點受限的人，使其組成團體，便能聽取各種觀點、檢驗其他另類假設，因此更能獲致準確性。決策團體若是組成良好，成員便可合力提供各種觀點。我們單憑一己之力，根本無法想出多種想法，想更客觀地了解世界，就必須接觸各種另類假設和不同的觀點。這不僅適用於我們周圍的世界，一個人要想更務實地了解「自己」，也必須讓別人指出本身的盲點。

提供多樣觀點的小組可以幫助我們分享前兩章探討的做法，用以對抗信念裡的動機性推理與帶偏見的結果歸因。當一個人運用下注的思維，便會詢問一連串的問題來檢視自己的信念是否正確。例如：

- 為什麼我的信念可能不正確？
- 有哪些證據可以支持我的信念？

- 有些理念與我的信念類似。是否有類似領域讓我檢視那些理念是否為真？
- 我在形成信念時，可能錯過或低估哪些訊息來源？
- 為什麼別人會抱持不同的信念？他們有哪些支持證據？為什麼他們可能是對的，而我可能是錯的？
- 有哪些觀點可以解釋事情為何會變成那樣？

只要詢問自己這些問題，便可邁出一大步去修正信念。但是光靠自己去回答這些問題，能獲得的成效也很有限。我們局限於自己接觸的訊息、自己經歷的事情、自己能想到的假設，很難知道別人因為哪些理由而有不同的信念。我們不是別人，沒有他們的經驗，也不知道別人獲得哪些不同的訊息。然而，別人了解他們自己。

人會用偏見處理訊息，主要是受到不確定性的影響。團體可以提供各種齊備的觀點，補足我們不知道的事物，使訊息更完整而減少不確定性，使我們的生活更像下西洋棋那樣可以準確預測。

我們會心存偏見以維護自我敘說，但別人卻不會這樣做。與其把自己想成另一個人並思考他會有何觀點，不如直接請別人提供他們的看法，這樣做容易多了。若是團體成員多元化，便可發揮極大的功效，協助彼此擺脫偏見。撲克牌桌當然是多元化的環境，因為打牌時通常不會依玩家的觀點選擇對手。更棒的是，當玩家們因觀點不同而意見分歧，大夥討論後自然會打賭。這些都是激勵人追求準確性的理想情況。

許多團體都認為必須像打撲克牌一樣，提倡多元意見和接納異議。美國國務院在越戰後便正式設立「異議管道」，讓員工可以表達反對意見而不必擔心會受罰。美國外交工作協會是服務海外任職人員的專業組織，每年會分別頒發四個獎項，以此「承認並鼓勵成員對外交部門提出建設性的異議和風險承擔」，這種異議管道促使美國調整了政策，協助終結波士尼亞的種族滅絕戰爭。二〇一六年六月，五十一名國務院員工簽署了一份備忘錄，呼籲歐巴馬總統加強美國在敘利亞的軍事干預。川普總統曾發布行政命令，暫停七個穆斯林人民占多數的國家移民美國，因此在二〇一七年一月下旬，大約有一千名國務院員工簽署了異議電報，反對這項政策。「異議管道」代表了決策過程的些許希望。如今的美國極端分化，但不論是由民主黨或共和黨執政，外交人員都可以提出異議來反對他們不認同的政策。允許異議，便能超越政黨政治。

美國中央情報局（CIA）在九一一事件後創立了「紅隊」（red team）。喬治城大學法學教授尼爾・凱泰爾（Neal Katyal）曾在《紐約時報》（*New York Times*）的社論投書，認為

「紅隊致力於反對情報界的傳統觀點，指出邏輯和分析上的缺陷。」美軍曾因缺乏影音證據，無法確認奧薩瑪・賓・拉登是否位於突擊行動要攻擊的大院內。在獵殺行動之後，歐巴馬政府的一位資深官員提到，紅隊曾經針對「評估賓・拉登藏匿於該處可能性高低的各種方法」進行過分析。

「異議管道」和「紅隊」完美落實了彌爾的基本原則：若不聽取反方意見，無法掌握真相，最好讓決策小組鼓勵多元意見。如果公司的策略小組正在研究併購後該如何整合營運，就把一開始反對併購的人加入小組。這些異議人士或許會提出理由，說明為何認為兩個銷售部門無法合併。無論他們的理由是什麼，將這些意見納入考量後，小組的多數成員便可提出更明智的做法。

小組擁有多元性，才能提出有成效的決策，但我們不能忽略維持多元性的難度。人天生傾向物以類聚，喜歡處於同溫層互相取暖，畢竟聽到別人呼應自己的觀點，那種感覺確實很棒。人很容易陷入這種驗證性的漂移（drift）⑥，如果你心存懷疑，我們不妨從大家認為最竭力求真的團體——法官和科學家——來觀察這種趨勢。

就連公正的大法官也會陷入「迴聲室效應」

現任哈佛法學院教授的凱斯・桑思坦（Cass Sunstein）還在芝加哥大學法學院任教時，曾與同事進行一項大型研究，調查美國聯邦司法小組的意識形態多元性。凱斯起初就知道，美國聯邦上訴法院（Courts of Appeals）⑦是對於多元性「長期而不尋常的自然實驗」，小組由三名法官組成，成員皆是從巡迴審判區的法官中隨機挑選。每個審判區有終身職法官，這職位是在有開缺或國會認為需增補法官時，由現任總統提名任命。在特定上訴案件中，三名法官可能皆由民主黨或共和黨任命，或一名由民主黨，二名由共和黨任命（也可能反過來）。

凱斯的研究包括六千多件聯邦上訴案件與接近二萬次的個人投票，結果顯示聯邦法官的投票通常會遵循其政治理念——這點並不令人意外。即使終身職法官宣誓就職時曾誓言要維護法律，但也很難抱持單純獨立的開放心胸。

⑥ 譯者注：漂移是心理學術語，表示即使習得某些行為，隨著環境和時間推移，習得的行為也會逐漸恢復到本能行為。

⑦ 譯者注：又稱巡迴上訴法院（circuit courts），屬於聯邦司法系統的上訴法院。

研究人員發現，上訴法庭小組的成員之間政治觀點若是不同，判決則會有所改善。照常理說二名政治觀點類似的法官就能主導小組結論，但異質和同質小組之間仍有顯著的差異。小組中若有另一黨任命的法官，可發揮「極大的規範作用。」

例如：他們在環保案件中發現，「有明顯證據顯示意識形態受到抑制。」整體而言，民主黨任命的法官有四三%機率投票支持原告，但在與兩名共和黨任命的法官一起辦案時，只有一〇%機率投票支持原告。共和黨任命的法官有二〇%機率投票支持原告，但與二名民主黨任命的法官共事時，有四二%機率投票支持原告。在多達二十五種類別的案例中，多數情況皆是如此，而研究人員有足夠的樣本得出結論。

作者提出結論，認為這結果證明了接觸多元觀點的重要性：「合理的多元性或多樣的合理觀點是必要的……而且重要的是確認了法官也跟其他人一樣，必須接觸不同的觀點，不能只聆聽支持者的論點。」

凱斯的小組發現，聯邦上訴法官需要聽取另一黨任命法官的不同觀點。他們發現，法官會遵循本能，屈從於團體迷思。「我們的數據強烈證明了一點，志同道合的法官也會走向極端。一名法官若是跟同黨總統任命的其他法官一起辦案，很可能會根據特定觀點投票。簡言之，我們發現聯邦上訴法院表現出強烈的從眾效應和團體極化（group polarization）[8]。」

最高法院日益兩極化就是恰當的例證。每位最高法院的法官如今都有四名書記，這些助理往往具備相似的資歷：頂級法學院的頂尖畢業生、法令審查編輯，以及擔任過聯邦上訴法院法官的書記。這幾年書記扮演愈來愈重要的角色，負責協助法官處理公務、討論案件細節與起草初步的論點。

在二〇〇五年約翰．羅勃茲（John Roberts）被任命為首席大法官前，法官們雇用與自己意識形態不同的書記被視為一種非正式的榮譽，某些最高法院的保守派法官更是這麼認為。鮑伯．伍華德（Bob Woodward）和史考特．阿姆斯壯（Scott Armstrong）出版過《最高法院兄弟們》（*The Brethren*，商周出版），書中講述鮑威爾（Powell）大法官「以招聘自由派書記為榮。他告訴底下的書記，說他自然而然會從保守派的觀點看事情，書記就是要從反對角度去質疑他。他寧願私下在辦公室聽到不同立場卻令人信服的論據，而不是在會議或異議中意外得知不同的意見。」

首席大法官柏格（Burger）從民主黨和共和黨任命法官的前書記中，聘用了同樣人數的

⑧譯者注：團體在進行決策時，常會比個人決策時更冒險或保守，因而偏離最佳決定。

書記。芮奎斯特（Rehnquist）曾與柏格一起共事，並在柏格之後繼任首席大法官。保守派的芮奎斯特就任時，曾懷疑過自由派書記是否真能影響他的觀點。然而，《最高法院兄弟們》指出，芮奎斯特很快就拋棄那種心態，認為「自由派書記樂於交流法律和道德觀點，這有益於大法官和最高法院。」大法官史卡利亞（Scalia）在華盛頓特區巡迴審判區擔任法官，以及在最高法院任職的前幾年，素以尋求自由派書記聞名。

隨著最高法院逐漸分裂，這種做法幾乎消失。《紐約時報》在二〇一〇年刊登一篇報導，指出只有大法官布雷耶（Breyer）聘請曾服務過兩黨總統任命的巡迴法官的書記。自二〇〇五年以來，保守派的史卡利亞沒有聘請曾替民主黨任命法官工作的書記。有鑑於這種常規的轉變，最高法院變得更兩極化也不足為奇。大法官正在讓自己陷入「迴聲室效應」。

從一九八六年起到那篇報導刊登為止，大法官托馬斯（Thomas）聘請過八十四位書記，全都曾為共和黨任命的法官工作。根據《法律、經濟與組織期刊》彙整的資料，托馬斯是最高法院思想最極端的法官，但這完全不奇怪。他的右傾程度遠勝過崇尚自由派觀點的大法官索托馬約爾（Sotomayor）的左傾程度。托馬斯曾說：「我不會雇用與我的意見嚴重分歧的書記。這就如同要訓練豬，只會浪費時間，又會惹惱豬。」[9] 若一個人認為決策小組的目標是讓成員同意自己，這種說法很合理；但若想發展出最佳決策流程，抱持這種態度確實很奇怪。

極端可能會促成某種決策小組，其中成員都抱持相同觀點，並從相同的來源汲取知識。當團體成員愈同質，愈會促進和強化驗證性思考。然而可悲的是，我們正朝著這種方向漂移，就連最高法院大法官也不能倖免。我們都很習慣這種政治傾向，政壇上對立政黨無不彼此抱怨。保守派抱怨自由派陷入迴聲室效應（同溫層），不斷重複並驗證自身的觀點，無法接受與自己信念不合的新訊息或想法。當然，自由派也是這樣批判保守派。

有了網路與許多家新聞媒體，人們可以隨時隨地吸收各方意見，但也可能以前所未見的方式進入過濾氣泡，從與自己世界觀一致的來源獲取訊息。我們甚至沒發覺自己早已陷入迴聲室效應，因為我們熱愛自己的想法，覺得耳聞的觀點都合情合理並正確無誤。幾乎每個政治人物（甚至是熟悉團體迷思的人）都會宣稱：「我的團體交換意見時都很理性，也會深思熟慮。但另一方的人都陷入了迴聲室效應。」

我們必須警惕，以免自己的團體出現這種漂移，並且要隨時準備好應付這種局面。無論

⑨ 作者注：馬克・吐溫常被認為曾說過：「勿教豬唱歌。此事既浪費時間，又會惹惱豬。」托馬斯引述時稍微調整了字句。

是形成朋友圈或組織職場的學習團體（或者當你可以主導企業文化，使其努力追求準確性，你必須雇用各種人才，讓公司充滿各種觀點，使員工也能容忍異議），我們都得避免向和我們有類似觀點的人靠攏。不過我們也要體認到這樣做很難，我們會走向同質化，人們都難免如此，甚至不知道自己正在這樣做。

用異議防止驗證性思考

二〇一一年，心理學家喬恩．海德特（Jon Haidt）曾向一千名社會心理學家演講，指出他們的領域缺乏多元性觀點。喬納森指出，他只知道一位保守的社會心理學家能廣泛涉獵各領域的觀點。

針對專業社會學家組織的調查發現，八五％至九六％的成員自稱中間偏左，曾在二〇一二年投票支持歐巴馬，或者根據其政治觀點問卷調查被歸類為中間偏左（其餘四％至一五％的人，大多數被認為是中間派或溫和派，但不是保守派）。這種趨勢雖然有「長尾效應」（long tail）⑩，但不斷加速進展。在一九九〇年代，自由派的社會心理學家多於保守派，人數為四比一。近期的調查顯示比率已超過十比一，有時落差甚至更懸殊。人們傾向於雇用與自己世界觀一致的員工，而意識形態不同的學者比例又如此失衡。倘若不遏止這種趨勢，情況勢必無法好轉。根據確認這種同質性趨勢的調查，大約一〇%的心理從業人員是保守派，相較之下，只有二%的研究生和博士候選人屬於保守派。

海德特、菲利普．泰特洛克及另外四位學者——社會心理學家荷西．杜阿爾特（José Duarte）、賈勒特．克勞福德（Jarret Crawford）、李．朱西姆（Lee Jussim）及社會學家夏洛塔．斯特恩（Charlotta Stern），共同成立了名為「異識學院」（Heterodox Academy）的組織，以此抵抗整體科學和學術界朝思想同質性漂移的趨勢。二〇〇五年，他們在《行為與腦科學》期刊上發表研究結果和三十三篇開放同儕審查的文獻。這篇論文記錄並說明了社會心理學界的政治失衡、科學品質如何因此降低，以及該如何改善這種情況。

社會心理學界特別容易受到政治失衡的影響。社會心理學家一直研究許多讓政治左翼和右翼分裂的熱門話題：種族歧視、性別歧視、刻板印象，以及對權力和權威的反應。整個學

⑩ 譯者注：原指種類多、銷量小的產品總收益超過主流產品，此處作者指意見屬於少數的保守派社會心理學家。

界幾乎完全由傾向自由主義的科學家組成，研究品質難免下降，影響力也會減輕。

作者群列舉一些實例，指出政治價值觀被「嵌入研究問題，某些構念（construct）[11]就不可觀察和不可測量，因此無法檢驗假設。」這種情況發生在數個牽涉環境議題態度及意圖連結意識形態與不道德行為的實驗中。他們也發現，某些研究者專注於驗證符合敘事的主題，而且避開與該敘事衝突的主題，例如：刻板印象是否準確，而偏見有多深及針對誰。最後，他們指出研究合法性固有的明顯問題，亦即在這個左傾成員以十比一領先右傾成員的學界中，保守派被視為拘泥於教條且不被包容。

首先，異識學院指出，人（學界）會自然朝著同質性和驗證性思考漂移。我們都會逐漸向與自己觀點一致的人靠攏。科學家受過嚴格訓練，無不努力求真，但也不能因此例外。這篇《行為與腦科學》的論文作者群知道：「研究團體是由極為聰明且心地善良的個體組成，連這些人都會掉進驗證偏見的陷阱，因為智商與提出支持自身觀點的理由數目為『正』相關。」由此可知偏見確實根深柢固，連法官和科學家無法避免。因此無論處於何種情況，絕不要恥於承認自己需要別人幫助。

其次，由不同觀點成員組成的團體，最能防止驗證性思考。同儕審查是開放心胸與檢驗科學假設的黃金標準，但是會「在同儕有政治同質性之際，提供更少的防錯保護機制。」換句話說，如果團體成員抱持類似的觀點，他們的意見便幫不上忙。這篇論文提到的某些實驗性研究指出，如果審稿人抱持驗證偏見，「不喜歡某論文的結論時，會更努力挑毛病；若認同一篇論文的結論，則會更寬容作者採用的方法架構。」這篇論文的作者群做出了結論，認為「沒有人知道應該如何消除個體的驗證偏見，但是可以讓這領域更多元化，使個體的偏見被抵消。」

異識學院的這篇論文與後續研究中，不斷提出鼓勵多元性異議的具體意見。各位不妨參閱這些意見（其中明確指出對異議觀點的反歧視政策），找到鼓勵成員持相反觀點的人加入團體並參與其中，並透過調查來評量團體中實際的意見異質性或同質性。這些正是我們可以好好替生活與職場團體採納的方法（必要時，也能藉此適應團體）。

我們發現，不論法官、學者或致力於求真的人，都難免熱切想確認自己的信念。如果你懷疑是否人人皆如此，不妨暫時放下本書，檢視你關注的社群網站動態，通常多數人都跟你有相同的意識形態。若果真如此，不妨去關注那些與你意見相反的人。

⑪ 譯者注：研究人員基於需要所創造的抽象概念，由簡單的概念組成，實證運用可衡量，為建立理論之基礎。

科學求真過程隱含了賭博元素

如果運用下注的思維能讓人拋棄偏見，難道不能用它來解決異識學院提出的問題嗎？你可能會想：由於傳統的同儕審查容易受偏見影響，科學家若必須針對研究結果能否複製的可能性下注，就會更為準確。特別在匿名投注市場中，無論是堅固自己既有的意識形態（觀點），或是只針對「複製研究以證實本身的工作或信念」來下注，這些都毫無意義。在這樣的投注市場，科學家若要「正確」，就必須善用自己的技能，從最客觀的角度去針對結果能否被複製而下注。研究人員若事先知道市場會檢驗自己的研究，便會產生另一種形式的當責，從而調整他們的研究結果。

沒錯，至少有一項研究發現，在科學家必須針對「實驗結果能否被複製」這可能性下注時，其研究結果會比單從專家聽取意見更準確。過去十年來心理學界一直在爭論，為何大量的研究結果發表完，後續的研究人員竟無法複製這些結果？「可重複性計畫：心理學」（The Reproducibility Project: Psychology）一直努力複製在頂級心理學期刊發表的研究。斯德哥爾摩經濟學院的行為經濟學家安娜．德雷伯（Anna Dreber）與幾位同事根據這些重複實驗去設立一個投注市場。他們招募一批相關領域的專家，針對「可重複性計畫」能否複製四十四項研究結果，向他們徵詢意見，然後提供籌碼，讓那些專家在預測市場中對每項研究能否被重複來下注。

參與傳統同儕審查的專家針對實驗結果能否被複製提出了意見，答對的機率為五八%。相較之下，在上述的投注市場中，同一批要下注的專家有可能輸錢，此時他們更加謹慎，答對機率便提升到七一%。

專家透過下注會比藉由同儕審查更能正確表達意見，不過同儕審查是檢驗科學方法的堅實基礎，因此許多人會對此感到訝異。當然，我想本書讀者應該不會對此感到驚訝。我們認為科學家致力於求真，並且會認真看待同儕審查。科學過程已經隱含了賭博元素，因為研究人員和從事同儕審查的學者都可能因審查品質欠佳而讓聲譽蒙受損害。但我們知道科學家就如同法官（也和「我們」一樣），大家都是人，難免受限於驗證性思考。一旦將隱藏的風險揭露出來，人人都會更加客觀。

其實，愈來愈多的企業紛紛設立投注市場，以此突破困境，鼓勵和獲取異議。Google、微軟、奇異、禮來製藥公司、輝瑞大藥廠和西門子都設立了預測市場去檢驗決策。當人們想贏得賭注而非與同事和平相處時，就會更願意提供意見。

將準確性、當責和多元性納入團隊的綱領，有助於我們制訂更好的決策，而團隊若是鼓勵下注的思維，特別能達成這種效果。既然我們已經知道好的綱領必須具備哪些要素，就得繼續討論有成效的決策小組應該有哪些參與規則，以及如何讓成員最有效地溝通。我知道有位開創新局的社會學家已替某個團體（科學家）設計出一套求真的規範，提供了鼓勵成員參與的良好藍圖。我不確定這個人是否愛好下注，但他受到某些事物的影響，而這些事物牽涉對偏見的想法、理性，以及認知與現實之間可能存在的落差。這位先驅是一名魔術師。

第5章

提出異議來獲勝——運用科學規範使資訊最大化

讓你客觀又能獲利的CUDOS規範

邁耶・施科爾尼克（Meyer R. Schkolnick）於一九一〇年七月四日出生在南費城。青少年時期他曾於生日派對上表演魔術，打算日後靠表演維生，並取了藝名「羅伯特・梅林」（Robert Merlin）。後來一位朋友說服邁耶，說他才十幾歲就取「梅林」這綽號未免太招搖，[1]於是他改名羅伯特・默頓（Robert Merton）行走江湖。當羅伯特・金・默頓（Robert K. Merton）[2]在二〇〇三年去世時，《紐約時報》稱他為「二十世紀最具影響力的社會學家之一。」

異識學院的創立者在《行為與腦科學》的那篇論文中，特別認可羅伯特於一九四二年和一九七三年發表的論文。羅伯特在文中為科學界建立了CUDOS的規範，「羅伯特・默頓的理想模型，是能自我糾正的知識社群。意識形態平衡的學界若經常尋求對抗式合作來解決實驗爭議，就非常類似這種社群，而這種社群是根據CUDOS規範來建構的。」根據這篇論文，CUDOS代表了：

共享主義（Communism），資料屬於團體。

普遍主義（Universalism），無論聲明和證據來自何處，對它們採取統一標準。

公正無私（Disinterestedness），慎防可能影響團體評估的潛在衝突。

組織性懷疑論（Organized Skepticism），成員相互討論，鼓勵參與和異議。

如果你想挑選一個角色楷模來設計團體的實際參與規則，大概無法做得比默頓更好。首先，他提出「角色楷模」一詞，更創造了「自我應驗預言」、「參照團體」（reference group）、「非預期結果」和「焦點團體」（focus group）等名詞。默頓創建了社會學這門學科，也是首位獲頒「美國國家科學獎章」的社會學家。

默頓在一九三〇年代開始從事學術工作，研究制度如何影響科學歷史。他認為在這段歷史中，地緣政治的影響不斷促進科學發展，而科學家在這段時期努力維持獨立自主，免受這類地緣政治干擾。他歷經兩次世界大戰和冷戰時期，研究並見證了民族主義運動，發現人們「身穿科學家的外衣，卻展示個人的政治觀點」，公然根據政治和國家關係來評估科學知識。

① 譯者注：梅林是英格蘭和威爾斯神話中的傳奇魔法師。

② 作者注：加中間名「金」是與他兒子羅伯特·考克斯·默頓（Robert C. Merton）區別。羅伯特·考克斯·默頓是經濟學家和諾貝爾獎得主。

一九四二年，默頓撰寫了關於科學規範結構的論文，並在後續的三十一年裡不斷修改這篇文章，終於在一九七三年出書時收錄最終版本的論文。這篇論文有十二頁，是制定參與規則的優良手冊，可供求真團體參考。我與人討論並提供諮詢時，發現我的撲克團體和遇過的專業和職場小組都曾參考這篇論文。調整CUDOS的每項元素（共享主義、普遍主義、公正無私與組織性懷疑論）之後，可將其廣泛運用於追求客觀的團體中。一個團體若是朝驗證性漂移而不追求準確性，很可能是因為沒參照默頓的規範。這篇論文非常棒，若想成為能獲利的下注者或決策者，必須據此來規劃生涯。

共享主義：多學多得，多即是美

默頓的共享主義規範（絕非共產主義）指資料為團體內部共有。默頓認為在學術領域，研究人員的資料最終都必須和同儕共享，如此方能促進知識發展。他曾說：「保密與這種規範相牴觸。要落實這種規範，就得全面且公開溝通。」這表示科學界已達成共識：無法得知研究資料（數據）和詳細的實驗設計與方法，便無法適當審查研究結果。研究人員在發表研究結果前有權對資料保密，但之後就得敞開大門，讓科學界能適當評估他們的結果。如果求真團體感覺礙手礙腳，無法得知所有相關訊息，必然無法追求準確性。無法得知全面情況，自然難以獲致準確性。

物理學家理查・費曼（Richard Feynman）在一九七四年授課時，曾以類似說法描述這種理想的資訊分享。他說那是「坦誠相告，屬於一種反推。假使你正在做實驗，應該指出所有可能讓實驗失敗的因素，不但要說出你認為是正確的東西，也要指出其他可能解釋實驗結果的原因……。」

想全面落實費曼的理想根本不切實際，這連科學家都難以辦到。我們在決策小組之內，必須遵守「多學多得，多即是美」的原則，盡量放寬對相關訊息的定義，以獲取所有的訊息。看到別人表明他們是如何推理時，要給予獎勵。根據經驗法則，如果我們對某項細節沒有把握，或是覺得需要多費唇舌解釋，通常會想遺漏它，而這正是我們必須公布的訊息。當我們感到猶豫不決或是沒把握，代表這類資訊可能至關重要，足以提供完整和平衡的說明。同理，當我們在評估決策小組裡看到別人猶豫時，就必須打破沙鍋問到底。

美國的自治可算是求真的實驗，因此我們認為公開分享訊息是政府下決策與為決策負責的基石。美國憲法保障新聞自由和言論自由，乃是因為「自我」表達非常重要，也因為我們需要一個能向公眾傳播訊息的機制。政府是為人民服務，因此民眾擁有訊息且有權讓政府分享訊息。「資訊自由法案」之類的法規就是要落實這種目標。不能自由獲取訊息，便無法合理評估政府施政。

分享數據和資訊與求真團體綱領的其他元素一樣，必須大家都同意才能落實。學術界成員同意彼此分享研究成果；政府與人民達成分享訊息的協議。若沒有協議，我們不能（也不該）強迫別人分享他們不想公開的訊息，因為人人皆有隱私權。公司和其他單位有權交易商業機密和保護其智慧財產權。然而在我們的團體中，若想制定有成效的求真綱領，就得同意分享資訊，以此仔細評估決策品質。

若團體成員討論某項決策但沒有掌握所有細節，原因可能是提供訊息者不知道某些資料彼此相關，或是講述情況者傾向提出自己可能都不知道的內容。正如強納森．海德特的說法，人人都是最好的公關，總愛虛構杜撰，為自己塗脂抹粉以突顯自我。

我們都聽過別人各說各話。那些不同的說法之所以天差地遠，是因為雙方根據不同的事實、從不同的觀點來描述情況，即是所謂的「羅生門效應」。這名詞源自黑澤明導演一九五〇年的經典電影《羅生門》，該片情節簡單，核心元素就是訊息不完整會衍生偏見。影片中有四個人分別描述自己看到的景象，包括強盜誘惑（或強姦）女人、強盜與女人的丈夫決鬥

（不知真假）、女人的丈夫被殺（可能是決鬥落敗、被謀殺或自殺），但每位目擊者的說法簡直南轅北轍。

即使沒有衝突的觀點，也得小心羅生門效應，不能認為某種說法準確無誤或完整無缺。我們既不能指望某個人提供反面說法，也不能認為某人的說法全面客觀，可以從中完全獲取相關的訊息。因此在決策小組中，討論者都必須遵循默頓的規範，根據討論結果下決策時，必須注意可能忽略的細節，並謹慎小心地盡量補充相關訊息。評估時必須相互詢問，以便掌握需要的細節。

我前面提過，有位執行長一直探討公司為何會解雇前總經理，我在為他諮詢時發現了「承諾分享資訊」的價值。我聽完執行長描述前因後果之後，要求他提供更多的訊息，因此他詳細說明雇用總經理的招聘流程與處理總經理業績不彰的方法，又衍生牽涉到解雇決策的其他問題，透過這些問題，他又分享更多的細節。該執行長不斷說明自認很糟糕的決策，如果根據他起初的說法，確實會讓人如此認為。然而，當我們獲得所有細節，從各種角度評估這項決策，最終卻得出不同的結論：就策略而言，解雇總經理是合理的，可惜結果卻很糟糕。

樂於分享訊息，這就是專家會做的事。事實上，專家之所以能成為專家，這正是其中一個原因。他們知道分享訊息最能獲致準確性，因為能從最忠實的聽眾那裡汲取寶貴洞見。

頂尖撲克玩家與其他高手討論某一手牌時，會詳細說明自己的出牌情況，外行人聽到時可能會想：「講這麼多無關緊要的細節，會不會過於吹毛求疵。為何要說這些？」但專業撲克玩家交換心得時很重視細節。在一手牌中，某位玩家的（出牌）位置；在每次行動之後，賭注有大，底池彩金有多少；對手在過去交手時如何出牌；他們在特定賽局表現如何；他們最近幾手牌打得如何（特別是他們最近輸贏的牌）；在那手牌中，每位玩家有多少籌碼；對手有多了解他們……專家心知肚明，知道愈多細節，愈容易評估決策品質。頂尖玩家總是期待獲取這類細節，因此會根據標準化的問答流程來說明，這樣比較不會讓聽者解讀錯誤，以致無法獲得預期的結論。

在一部介紹美式足球員文斯．隆巴迪（Vince Lombardi）的紀錄片中，美式足球名人堂教練約翰．麥登（John Madden）講了一個故事：他年輕時曾擔任助理教練，參加過一場短期的教練講座，當時的講員是隆巴迪。隆巴迪分享自己一九六〇年代在綠灣包裝工隊（Green Bay Packers）時，曾有一場執行外線跑動戰術的比賽，他整整講了八個小時，並使台下的人聽得出神。麥登說：「我先前還很自大，以為已經對美式足球瞭若指掌，沒想到他可以花八個小時分析這項戰術……我發現自己一無所知。」

人天生就不願意分享訊息，以免被人發現自己做了錯誤決策。在我改進牌技時，團隊成員的回應使我感覺良好，進而願意分享訊息。當我分享認為會讓自己覺得難堪的細節時，我所尊敬的玩家們會給予肯定，使我能從正面積極的角度去更新自我形象。我提供諮詢時，都會鼓勵企業不要單從結果去定義「勝利」，也不要只講述提升自我的言論。如果企業要成功，就要站在最客觀的角度，盡量正確且詳細地評估局勢，如此員工就會競相仿效，公司自然能興旺起來。這樣做也能鼓勵員工養成更好的心智習慣。

總之，我們要同意與人分享訊息。當決策小組的成員樂於分享時，也記得予以鼓勵。

普遍主義：勿抹煞訊息，聆聽各種意見

俗諺說「勿殺信使」（don't shoot the messenger），這句話簡潔說明了為何要保護並鼓勵異議。著名的希臘傳記作家普魯塔克（Plutarch）的文章〈盧庫拉斯列傳〉（"Life of Lucullus"）就是古代案例：亞美尼亞（Armenia）國王事前收到消息，得知羅馬軍事家盧庫拉斯正率領軍隊進犯，竟殺死了傳遞消息的信使，從此以後使者們不敢回報這類軍情，最終導致其戰敗。可想而知，就算再討厭聽到的消息，也不該遷怒於信使。

默頓的普遍主義規範剛好相反。「任何主張，不論其來源為何，都取決於一種預設、不因個人意志而變化的標準。」這表示在接受或拒絕某種想法時，絕不能「取決於倡議者的個人或社會屬性。」另一句俗諺「勿抹煞訊息」（don't shoot the message）雖然某些原因沒被載入史冊或文學作品裡，但可以用它去處理同樣重要的決策問題：不要因為厭惡某種想法的來源，就貶低或忽視它。

我們若對傳遞訊息的人抱持負面態度，就會關上心門，不願傾聽他們而錯過許多學習機會。同理可證，假使抱持正面態度，可能會毫不考慮地全盤接收對方的訊息。以上兩種做法都不可取。

無論一個訊息是涉及事實、想法、信念、觀點或預測，其實質內容都有價值（或缺乏價值），並且與來源毫不相干。若想判斷地球是否為圓形，不論是從你最好的朋友、美國前總統喬治．華盛頓或義大利法西斯主義創始人貝尼托．墨索里尼聽到相關觀點，這些都無關緊要，不該根據來源去判斷訊息是否準確。

我在撲克生涯早期就學到普遍主義的教訓。一開始我完全根據我哥寫在餐巾紙上的牌型打牌，並將這初級建議奉為聖旨。當我看到別人打那些沒列出的牌型時，總會立即認為他們的牌技很爛；看到這些玩家隨後執行我不會使用的策略時，我總是嗤之以鼻。如此我行我素

（尤其是根據新手合理策略的某個觀點去批評別人「牌技差」）的態度，讓我繳了昂貴學費才體會到普遍主義的精隨。打撲克的前幾年，我曾在牌桌上看過許多事，卻抹煞了其中訊息。

上一章提過，大衛曾對康拉德解釋，他有很長一段時間認為身旁的人都是白痴，並沒有考慮到其他的另類假設，亦即「或許我是個白痴」。我犯了跟大衛一樣的錯誤，其實我在撲克界也是個白痴。

我逐漸了解我哥列出的清單，只是要幫助我在初入江湖時能安全出牌，而不是用蠟筆在餐巾紙上寫下重要的《大憲章》。之後我開始練習並強化普遍主義的概念，每當心裡有認為別人打牌技巧很爛的衝動時，就會逼自己找出他們的優點。這是我可以自己做的練習，在團體中分析自認其他玩家執行哪些好策略，也能獲得成員的協助，從中得到許多益處。

當然，我學到一些有效的新策略和戰術，也更能綜觀其他玩家的策略，即使我認為別人的策略最終無法讓他們獲勝，卻可以更深思索對手如何出牌。這種做法有助於我制定應對策略。當時我已開始深入思考對手的想法，因此偶爾會發現自己低估了某些玩家的牌技，誤以為可以勝過他們。如此一來，我在思考如何出牌時會做出更客觀的決定。我的撲克團隊也從我的練習中受益，因為在相互研討策略的過程中，我們可以觀摩與討論彼此的出牌技巧。承認「對手可以教我東西」這件事很困難，但當我能遏止自己抱怨對手有多幸運的衝動時，我的團體能使我為自己感到驕傲。

幾乎每個團體都在訓練與增強普遍主義要求的開放思想。舉例來說，儘管政治兩極化，我們總忽略一點：任何想法都不會全好或全壞。自由派若能閱聽保守觀點的新聞就會獲益，而保守派多接觸自由觀點的新聞也能得到收獲。之所以這樣做，並不是要去確認對方陣營都是白痴，或是認為敵手說不出什麼大道理，而是要特地去找出自己「認同」的事，這樣便能學到原本學不到的東西。政治觀點對立的法官交流之後可以調和彼此的觀點，普通人也能藉此調和觀點，即使最後沒有從對方身上發現太多可認同之處，也能更了解與自己觀點迥異的立場，甚至能更清楚自己的想法。這樣就是練習英國哲學家約翰．斯圖亞特．彌爾提倡重視多元意見的觀點。

想有效將訊息與信使區分開來，也可想像訊息是來自我們極為重視或毫不在意的出處：若我們從喜歡的人口中聽到一則訊息，不妨幻想成是討厭的人傳來這消息，反之亦然。這種做法可以納入團體，讓成員彼此詢問：「如果是從截然不同的來源聽到此事，我會如何想？」我們能進一步在團體中審查訊息，一開始刻意不提是從何處或何人那裡聽到想法。分享訊息時劈頭說出消息來源，很容易讓團體成員無法遵循普遍主義，因為對消息來源的好惡可能令人產生偏見，進而認同或詆毀該訊息。因此在一開始別提來源，讓團體成員先形成客觀印象，以免他們被對來源的好惡影響，結果跳脫信使的專業與信用而去抹煞或盛讚訊息。

約翰．斯圖亞特．彌爾明確表示，獲取知識和求真的「唯一」方法，就是聆聽各種意見。學到原本不知道的東西，便能適切調整自身觀點。只要敞開心胸去聆聽各方意見，即使審視別人觀點後確認了自己最初的想法，也能更加清楚本身的觀點。想做到這件事，我們需要對討厭來源的訊息保持開放的態度。

公正無私：人人都有利益衝突，而且會向外感染

早在一九六〇年代，科學界就針對糖或脂肪會提高心臟病的發病率而爭論不休。一九六七年，三位哈佛大學科學家全面評估當時已知的研究成果，並且在《新英格蘭醫學期刊》（*New England Journal of Medicine*）發表論文，堅決認定脂肪是導致心臟病的罪魁禍首。這篇論文在飲食和心臟病的爭論上影響力十足，這毫不奇怪，畢竟《新英格蘭醫學期刊》非常著名，而且三位研究者全都來自哈佛大學。他們歸咎於脂肪並替糖開脫，在數十年間影響了數億人的飲食，這種觀念改變人們的飲食習慣，結果使肥胖率大幅提升，糖尿病案例也大

量增加。

這篇論文影響深遠，而且對美國人的飲食習慣和健康產生負面影響，完全證明了公正無私何等重要。二〇一六年九月在《美國醫學會內科醫學期刊》（*JAMA Internal Medicine*）發表的文章指出，最近發現某代表製糖業的貿易團體曾收買這三名哈佛科學家，請他們撰寫前述論文。這些研究人員當然與收買他們的製糖業口徑一致，針對認為糖與心臟病有關的研究加以攻擊，同時為指出糖與心臟病無關的研究辯護。這些科學家遵循相同模式去攻擊（或支持）各種脂肪和心臟病的正反研究。

參與此事的科學家皆已過世。倘若他們還活著，我們可能會發現這些學者甚至不知道自己受了影響。出於人性，他們會捍衛自己的論文，並且否認製糖業有主導或影響他們對這項主題的觀點。無論如何，如果披露了這項利益衝突，科學界可能會更質疑這些研究人員的結論，懷疑他們可能出於財務利益而產生偏見。當時，《新英格蘭醫學期刊》並未要求揭露利益衝突（這項政策於一九八四年才做調整），這種疏漏會讓人無法正確評估研究結果，進而嚴重損害國民健康。

我們通常會想到財務上的利益衝突，好比上述的製糖業收買研究人員。然而，利益衝突有很多種。人的腦內有不少利益衝突，我們以此解釋周圍世界來確認自己的信念；避免承認無知或錯誤；決策後若得到好結果，自然想要攬功；決策後若得到壞結果，則歸咎於無法掌控的因素；與同儕比較時要占上風；讓事態發展合理。人並非天生公正無私，而是會從本身希望世界是何種模樣的心態去處理訊息。

各位還記得本書一開始提出的思想實驗嗎？當時我說，皮特．卡羅爾的傳球指令若是讓海鷹隊贏得二〇一五年的超級盃，各家媒體會如何更改他們的標題。這些標題可能會盛讚卡羅爾，說他十分聰明。民眾也會從不同的角度去分析他的決策。知道事情的結果會讓人產生利益衝突，然後做出結果論的陳述。

多數人認為物理學猶如「二加二等於四」，非常客觀。但是理查．費曼知道，物理學還是有明顯的結果偏差。他發現如果分析數據的人知道（甚至單憑直覺而發現）正在受測的假設，分析結果就更可能支持被測試的假設。測量可能是客觀的，但在處理數據時很容易（甚至是無意識地）導致偏差。社會心理學家羅伯特．馬康恩（Robert MacCoun）和諾貝爾物理學獎得主索羅．珀爾穆特（Saul Perlmutter）二〇一五年曾在《自然》（*Nature*）期刊發表一篇論文，指出結果隱蔽（outcome-blind）分析已拓展到粒子物理學和宇宙學的領域中，因為這些領域學者「經常認為，許多研究結果想要讓人信服，唯有採取結果隱蔽分析。」引入一個隨機變數後，分析數據的人便無法推測研究人員希望的結果，但生物學、心理學和社會科學界卻幾乎不知這種觀念。因此，這兩位作者提出結論，認為這些方法「可能會改善許多學科的可信度和真實性，包含容易受偏見誤導的高風險分析。」結果隱蔽會促進公正無私。

如果我們與人討論對模稜兩可的目標時該如何下決策（好比講述某一手牌、家人間的爭論，或是新產品的市場測試結果），在傳遞訊息時可以運用這種結果隱蔽的概念。如果團體成員想要不帶偏見地幫助我們評估、執行決策，相信沒人希望他們跟上述的數據分析員一樣，因為察覺到受測假設而被偏見影響。

一旦向別人透露故事的結局，就是鼓勵他們從結果去推論，人們會以符合結果的方式去詮釋細節。如果我贏了一手牌，我的團隊在評估時可能會認為我的策略不錯；若是我輸了，他們可能會認為我的策略不好。審判的案件勝訴了，策略就很棒；倘若輸了，就一定是有犯下錯誤。我們採用西洋棋的思維方式，將結果視為評判決策品質好壞的信號。當一個人知道結果後，在評估決策品質時就會有偏頗，使其與結果相符。

如果團體成員無法預知結果，自然會更確實地評估決策品質，因此我們最好能在得知結果前先去拆解決策。律師在判決結束前，可以先評估自己採用的辯護策略；銷售團隊在知道是否達成交易前，可以先評估銷售策略；投資人可以在買進股票或選擇權到期前先審查流程。但打等結果出爐之後，想徵詢他人的建議時務必養成一個習慣：只說明細節，不透露結果。

撲克時無法在知道結果前先分析牌型，因為下完決定的幾秒內就得知輸贏。為了解決這問題，許多專業撲克玩家在徵詢建議時經常會省略結果。

這已經成為我的自然習慣。然而，當我開始為新手舉辦撲克研討會時，才知道這並非每個人的常態。我以本身打過的牌型為例做解說時，只會描述拿到哪些牌，然後講到自己如何決定出牌後就停止，不告訴學員那一手牌的結局——我的撲克團隊就是這樣訓練我的。當我們討論完畢之後，台下的學員全都盯著我，讓我渾身不舒服，好像我把他們帶到懸崖邊，讓他們危危顫顫地站在那裡。

「等一下！那一手牌的結果如何？」

我會給學員真實而殘酷的回答：「那不重要。」

當然，若想運用這種策略去促進公正無私，不一定非得討論撲克牌局。我們在描述事情時最好說到下決策為止，千萬別透露結果，以免聽者產生偏見。此外，結果論不是唯一的問題，信念也會感染別人。如果聽眾知道我們相信哪些東西是真的，他們很可能會努力證明我們是對的——而且這舉動通常是出於下意識。當我們告知別人自己的信念後，他們就會產生意識形態的利益衝突。因此，若我們想要驗證某些訊息、事實或意見時，在徵詢團體成員意見時最好別透露自己的想法。

簡言之，當團體成員不知道利益為何時，就不太可能屈從思想上的利益衝突。這就是馬康恩和珀爾穆特的觀點。

若要消除團體成員的偏見，可以鼓勵他們辯論對立觀點，並找出另一方看法的優點。當團隊成員意見不合時，即使辯論也可能成效不彰，因為人在辯論時會抱持偏見，努力去驗證自己的觀點，往往因此鬧得很僵。如果有二人意見不合，仲裁者可以讓他們盡全力為對方的論點辯護，這樣能將原本的利益轉為對相反意見持開放態度，而非鞏固自己原本的立場，因為若不能從對方角度提出有力、令人信服的論點，就無法贏得辯論。關鍵是團體必須訂定綱領，要獎勵成員從客觀角度去考慮另類假設，讓成員在為對方觀點辯論而獲勝時，會比支持自己的預設立場感覺更好。不過在成員換位去反對自己的信念時，團體不應鼓勵他們進行稻草人論證（straw-man argument）③，而是鼓勵贏得辯論後的感覺良好。因此，團體至少要有三名成員，兩人可提出分歧意見，由第三者當裁判。

我經常發現，即使二人對某問題的立場相差甚遠，在彼此辯論或詳細解釋對方立場後，他們的看法會朝中間靠攏。進行這類交流比起單方面聆聽他人觀點，更能了解與欣賞不同的看法。這樣做最後也會讓人更了解自己的立場。我們又再度想到約翰．斯圖亞特．彌爾的看法：抱持這種開放的態度，乃是「唯一」的學習之道。

組織性懷疑論：建立有成效的「紅隊」

懷疑論蒙受不白之冤，因為它往往與消極性格劃上等號。發表不同意見的人可能被認為「難相處」。抱持異議的人可能引起「爭議」。感覺上「抱持懷疑」似乎猶如「憤世嫉俗」。然而，真正的懷疑論其實等於彬彬有禮、言談謙和與友善交流。

所謂的懷疑論，就是接觸世界時會質疑事情可能是假的，而非詢問為什麼事情是真的。抱持這種認知，就是知道世界上有客觀真理，而人的信念都不是絕對正確。下注的思維就是體現懷疑論，鼓勵人去檢視自己知道或不知道的事，審視自己對本身信念與預測的信心程度。這樣做便能讓人更趨近客觀真理。

根據懷疑論來組成團體，可建立有成效的團隊，而團體成員也應以此為溝通依據，因為真正的懷疑論不是相互對抗。想要有效運用下注的思維，就必須知道懷疑論的重要性。當人不接受不確定性，就無法對本身的信念合理下注。我們必須特別懷疑符合自己觀點的訊息，

---

③ 譯者注：先曲解對方的論點，然後針對曲解的論點加以攻擊，並宣稱推翻了對方的論點。

因為人總有偏見，樂於接受並讚揚符合本身信念的證據。我們若不「反推」（理查・費曼的名言）去找出可能犯錯之處，便會做出很糟的下注。

若我們擁抱不確定性，並將其做為與團隊溝通的方式，那麼對抗性的異議就會消失，因為團隊成員是從不確定自己信念的角度來討論，表達信念時也可以納入不確定性（我有六〇％的信心，認為服務生會搞不清楚我點了哪些餐點）。當我們落實懷疑論的規範時，自然會改變表達異議的方式。畢竟我們表達異議也是闡述自己的信念，只是認為信念具有機率性，因此在表達時會公開表明其不確定性。我們持異議時不再說：「你錯了！」而會改說：「我不確定是否是這樣。」甚至只會問：「你確定嗎？」或是問：「你有沒有考慮過其他想法？」這種方式只是忠於不確定性。組織性懷疑論會讓人攜手去探索問題，而人們也更樂意聽到以這種方式表達的不同觀點。

我認為懷疑主義應該被鼓勵並盡量落實。數個世紀前的天主教會提出「魔鬼代言人」（devil's advocate）概念，在封聖時會請某人去「質疑」封聖候選人的資格；美國中央情報局有紅隊；美國國務院也有異議管道。我們可以將異議納入自己的職場與個人生活，比如建立一個團隊，它的工作（在職場確實是工作，而在個人生活中則是比喻）是表達對立觀點、討論為何某項策略可能不明智、為何某項預測可能會落空，或者為何某個想法可能礙於訊息閉塞而不完善。

透過這種方式，紅隊自然會提出另類假設，同理，公司可以建立匿名異議管道，鼓勵各級員工（從收發室職員到董事會成員）提出異議、另類策略、新穎想法或有別於公司普遍看法的觀點，並且無須懼怕被秋後算帳。公司應該認真看待各種建議，讓提出建設性異議的人覺得沒白費心血。若不這樣做，便很難鼓勵員工表達意見。

在比較非正式的場合，我們也要隨時找機會徵召魔鬼代言人。向別人詢問建議時，不妨提出具體問題，鼓勵對方找出我們可能犯錯的原因，如此他們比較不會有所保留或不願質疑我們想採取的行動。由於我們的目的就是讓人提出質疑，這樣對方提出異議或說出覺得我們不想聽的建議時，就不是在跟我們作對。

請各位別誤會了，想要更準確且客觀看待自己和世界，這整個過程非常艱辛，但能讓我們去思考自己經常想逃避的事情。諮詢團體需要訂定一套參與規則，別讓成員覺得說出不同意見會被厭惡或輕視，使他們更容易表達異議。我們要知道，如果一個人不同意求真的章程，即使你以緩和的口吻提出異議，對方也會將之視為挑釁。詳細案例可參閱第四章開頭大衛·賴特曼的經歷。

四種與人一起求真的方式

本章著眼於主動組成或加入求真團體。除非我們能控制周遭文化，④否則尋求異議者不在團體裡的時候，通常是生活中的少數人。不過並不代表一般的環境禁止求真，只是在求真時要仔細提出有建設性的論點，並且有禮貌地與人交流。我們可以透過幾種溝通方式與人一起求真。

首先，表達不確定性。有了不確定性，不僅能讓人更樂意去求真，周圍的人們也會樂意分享有用的訊息和不同的意見。害怕犯錯（或害怕指出別人犯錯）往往會導致周遭的人隱瞞寶貴的見解和意見。如果我們率先表明自己也不確定，聽者會更了解後續的討論並不涉及「正確」與「錯誤」，我們也能藉此盡量與團體以外的人交流並從中求真。

其次，從贊同之處來引導。傾聽到我們認同的事情，便加以陳述且具體說明，接著以「而且」取代「但是」來接續後面要說的話。目前我們已經學到一點，就是人們喜歡自己的想法被肯定。如果想鼓勵和我們意見分歧的人（無論在團體內外）參與交流，就得讓他們敞開心胸並放下戒心，而做法就是從彼此都同意的地方切入。我們肯定能從別人的話裡找出贊同之處，因為人們很少「完全不同意」某人的話。一旦落實促進普遍主義的策略、積極尋找認同的想法，我們自然能引導別人一起學習，也會更坦然接納別人言論，以此修正自己的信念。

當我們從贊同之處來引導時，聽者將比較容易接納可能出現的異議。此外，當新訊息被視為「補充說明」而非「否定先前言論」時，也會讓人更包融我們想說的內容。靠著使用簡單的修辭手段，就足以讓局面改觀。如果別人表達的信念或預測並不完善，而我們有辦法提供相關訊息時，請這樣說：「我同意你的看法，（此處說明雙方贊同的具體概念和想法），『而且』……」之後提出補充訊息。在相同情況下，若我們說：「我同意你的看法，（此處說明雙方贊同的具體概念和想法），『但是』……」這樣說就是挑戰對方，會讓人起戒心。說出「而且」是補充論述；說出「但是」則是否定、駁斥先前的論點。

我們可以加以擴展，避免說出「不」。與別人即興互動時，一聽到對方打開話題之後，應該率先回答「是的，而且……」當你說出「是的」，表示接受當下情況的構念；說出「而

④作者注：當我們可以影響企業招聘制度和文化時，這方法也能適用。雇用願意求真的員工，同時塑造企業文化，鼓勵員工進行探索性思考與表達不同觀點，企業會因此而受益。倘若不積極推行這種政策，抱持異議的人會感到孤立或被排擠，企業就無法求真。異識學院的主要目標之一，就是設法讓更多保守派的人成為社會科學家，或是讓他們與社會科學家共同進行探索性思考。這點很難推動，畢竟沒人喜歡在現實生活中變成電影《十二怒漢》（*Twelve Angry Men*）中那位堅持己見的仁兄，尤其是自己可能因此而身敗名裂、生計受影響。

且」，就是補充說明。若想激發探索性思考，這是絕佳的指導方針。重點是必須找到雙方贊同之處，以便在求真時得以維繫關係。在表達異議或可能引發對立的訊息時，調整說話的口吻也有助於避免分歧。

第三，要求大家暫時同意（做出臨時協議）一起去求真。如果有人向我們發怒，可以詢問他們是想發洩情緒還是要徵求建議。假使他們不是要尋求建議，沒關係，就隨他們去吧！畢竟參與討論的規則已經很明確。人們偶爾只是想發洩情緒，我當然也會這樣，這是人的本性。我們要支持身旁的人，看到對方尋求理解或同情時就安慰他們。偶爾他們會說自己正在徵求建議，表示可能願意遵守求真的協議（但還是得小心應對，因為有人嘴上會說尋求建議，但其實想要別人肯定）。

我的撲克團體成員偶爾會慘輸而痛心，因此想要發洩怒氣，此時便可短暫放下我們的團體協議。前一段提到的「臨時一起去求真的協議」，其實就只是「暫時停止求真來抒發情緒」的相反版本，即使協議完全顛倒，詢問別人時依舊可以不冒犯對方地說：「你是想一股腦兒發洩出來，或是在想下一步該怎麼辦？」

最後，放眼未來。正如本書開頭所說，人通常善於確認自己追求的積極目標；我們的問題是未能在實現目標的過程中執行決策。人不喜歡討論自己糟糕的執行力，因為這樣就得對不好的結果負責，這往往會阻礙交流（大衛．賴特曼深知這點）。別重提舊事，要跟別人探討該如何做才能讓情況有所轉圜。無論與我們的孩子、家人、朋友、伴侶、同事，甚至我們自己對談時，大家都會展現共同的特點，亦即討論未來會比回顧過去時更理性。畢竟對尚未發生的事情起戒心也比較困難。

大衛．賴特曼若在訪談時改口說：「這些怪人把妳的生活搞得烏煙瘴氣。妳有沒有想過日後該如何避免與人衝突呢？」如果勞倫．康拉德回答得「很棒」，例如：說出：「我目前有很多問題，還無法考慮未來。」或是說：「我還得跟這些人打交道，無法改善現狀。」大衛便可順勢收尾，結束這段對話。然而，康拉德也可能會多講一點話。她在討論未來時或許會回頭想，為何自己到處與人樹敵？如果她沒有回顧過去，便很難明智回答關於未來的問題。當我們認同別人的經驗並重新著眼於未來時，便能讓對方主動檢視自己做過的決策。

這也是與孩子溝通的好方法，因為孩子正在發展自我，不必吞下紅色藥丸來認清現實。大人無法要求孩子一起交流並求真，但可以逐步引導他們。在電影《駭客任務》中，莫斐斯帶尼歐去見祭司，尼歐在客廳等候時，看見一位小孩用意念彎曲湯匙，並做出其他看透現實的早熟（紅色藥丸）行為。然而在現實生活中，孩子很敏感，馬上會知道有人論斷他們。相信沒有父母希望自己的孩子早熟到能用意念讓餐具飛越空間。

我兒子成績不好時，很會怪罪老師。我得小心應付，不能像大衛・賴特曼那樣去教導他。我會告訴他：「遇到這種老師，肯定很難學到什麼。你有沒有辦法考得更好呢？」我這樣說，就是立即認同他，然後跟他討論以後該如何準備考試，以及如何去見老師並詢問他批改作業的重點，這樣的見面也會讓老師對我的孩子產生良好印象，並可以會反映在日後的成績上。孩子就算願意與我們回顧過往，也可能會有所抗拒。然而，如果我們能讓孩子專注於他們可掌控的事物，討論未來可做的事情，便可收到更好的效果。

著眼於未來的目標與日後的行動，這是與求真團體之外的人溝通的方法。這種方法發揮作用時，便是與人討論即將發生的未來、跳脫當下的挫折，以及想辦法改善可掌控的事物。在某種程度上，對求真團體負責也是一種時光旅行。我們知道自己必須向團體負責，所以會事先考慮情況將如何發展。預測未來並重複進行理性討論，可以改善最初不那麼理性的決策和分析。

如此就引導出本書最後的決策法則：如何使用時光旅行技術來做出更好的決策。各位只要回顧過去的你與展望未來的你，便能成為自己的夥伴。

第6章

在心智時光旅行中冒險——

納入過去、現在與未來的決策思考

利用心智時光旅行，調整與改進決策

由於三部《回到未來》（*Back to the Future*）系列電影大賣座，一般人想探索時光旅行的規則，可能會請教電影中的布朗博士（Doc Brown），而非英國物理學家史蒂芬・霍金（Stephen Hawking）。回到未來系列三部曲一直強調（各種時光旅行電影也不斷重複）的第一條規則，就是「無論做什麼都行，但千萬別和自己碰面！」在一九八九年上映的《回到未來》第二集中，克里斯多福・洛伊德（Christopher Lloyd）飾演的布朗博士向米高・福克斯（Michael J. Fox）飾演的馬蒂・麥佛萊（Marty McFly）解釋：「你若碰上自己，可能會導致『時間弔詭』（time paradox），進而引發連鎖反應，導致時空連續體的結構崩潰而破壞整個宇宙。當然，這是最糟糕的情況。其實可能只有局部受影響，破壞範圍僅限於我們星系。」

「別和自己碰面」已然成為時光旅行「科學」中不容置疑的元素。在一九九四年上映的電影《時空特警》（*Timecop*）中，由於「相同物質不能同時占據相同空間」，由尚—克勞德・范・達美（Jean-Claude Van Damme）飾演的時空特警讓過去和未來的反派議員相碰，使其液化成泡泡，最後消失無蹤。

在現實生活決策時納入過去或未來的自己，並不會導致時空連續體崩潰，也不會液化消失。讓過去或未來的我們拜訪自己，可讓現在的我們更好地下注。決策時隔離其他時空的自己，不思索類似決策在過去和未來可能導致哪些結果，往往會犯下錯誤，並礙於時間範圍遭扭曲而陷入思考困境。決策者會希望與過去和未來的自己碰撞，而心智時光旅行就能辦到這點。這類碰撞與當責一樣，可敦促人做出更好的決定：決策時若想著必須對團體負責，就會暫時前進到未來，想像自己將如何與夥伴討論這決策。跑過一遍對話，通常就能保持理性。

我們可以邀請別人當自己的決策夥伴，也能讓其他時空的自己扮演決策夥伴。我們可以掌控心智時光旅行的力量，藉由操控它、鼓勵它，想方設法讓過去、現在與未來的自我盡量碰撞。當現在的我們需要幫助，過去和未來的自己就能以最佳決策夥伴的身分提供協助。①

撲克玩家必須面對獨特的決策問題，因此在制訂、執行決策之際，會仔細思考如何讓過去、現在和未來的自己碰撞。打撲克時做決定要果決，並沒有時間整合理性、長期策略與當下決策。這些在時間嚴格受限下做出的決定會立即產生後果：輸錢或贏得籌碼，玩家不斷輸

① 作者注：心智時光旅行及其對決策的益處有完整的研究。神經科學家安道爾·圖威（Endel Tulving）是多倫多大學的心理學教授。他率先分析與研究「時間統覺」（chronesthesia），這術語是指利用了解過去或未來的能力去進行心智時光旅行。

贏，便能體會每項決定都有風險。當然，籌碼短暫的去留，只能約略反應決策品質。做了錯誤決定可能贏得一手牌，做出良好決定也可能輸掉一手牌。但看著籌碼不斷轉手，玩家就知道每項決策都帶有後果，而整場賽局執行的所有決策都至關重要。

一個人若沒有上撲克桌，通常無法感受或體會當下決策會造成哪些後果。當我們因為做了某個決定而導致獲勝或失敗，可能也要一段時日後才能得知結果：如果我們吃錯了食物，好比不吃蘋果而改吃斯耐克維爾斯餅乾，並無法立即知道後果，也不知是否得付出代價。如果我們重複特定決策到一定程度就會導致某項後果，但得日久之後才看得出來：企業老闆若忽視實習生的想法，總以為「實習生哪知道什麼」，可能要到多年之後，當那位實習生成為強力的競爭對手時，這種錯誤才顯露出來。如果一間企業因為無法提出新構想而走下坡，那位老闆可能永遠不會知道，原來自己的態度竟是公司衰敗的主因。

最棒的撲克玩家會想出實用的方法，將長期策略目標納入當下的決策。後續我會詳細討論這些策略，說明該如何讓過去和未來的自我來協助執行決策，以便達成長期目標。但我們必須承認，沒有任何策略能讓人完全保持理性，包括本書提過的所有策略。此外，我們雖然能做出最好的決策，但可能無法獲得想要的結果。提高決策品質是為了「提高」獲得良好結果的機率，而非「保證」得到良好的結果。即使這種努力只產生微小的差異（更多理性思考，更少情緒化的決定，因此愈來愈有機會得到好結果），也能讓我們的生命大幅改觀。好的結果會有加乘效果。良好的流程會成為習慣，讓人日後可以調整與改進。

這些方法涉及大量的心智時光旅行，而撲克玩家可讓馬蒂和布朗博士長點見識。

時間折價：人們偏愛現在的自我，並犧牲未來的自我

許多科學研究探討人的直接欲望與長期目標間的衝突。美國喜劇演員傑里・賽恩菲爾德（Jerry Seinfeld）對此曾提出簡潔有力的說明。他如此解釋自己為何老是睡眠不足，「我是晚上的我，所以會熬夜。晚上的我喜歡熬夜，想著：『睡五個小時應該夠了吧？』『那是早上的我要操煩的事，不關我的事。我是晚上的我，想多晚睡都行。』沒想到早上起床之後，整個人感覺筋疲力盡、昏昏欲睡，說：『哦，我恨死了那個晚上的我。』你看，晚上的我老是整垮早上的我。」

這點足以說明，現在的我們如何自我掙扎以照顧未來的自己。晚上的傑里總是喜歡熬夜，如果早上的傑里無權參與決定，那無論傑里的長期最佳利益為何，晚上的傑里都會我行我素。

我們在當下做決策時（並且不考慮過去或未來），通常可能會有不理性和衝動的舉止。②

人都會偏愛現在的自我並犧牲未來的自我，而這種傾向被稱為「時間折價」（temporal discounting）③。我們願意接受不合理的大折扣，盤算著現在就要得到獎勵，而不想等之後才獲得更多獎勵。舉例來說，一項調查一九九〇年代軍事縮編的研究指出，成千上萬的軍人當年寧可一次領完大打折扣的退休金，也不願領取保證支付的年金。美國軍人一次領取了二十五億美元的退休金，與原本的年金現值相比，整整少了四〇%。

晚上的傑里想熬夜，因為熬夜「現在」對他有利，所以他對上床睡覺後可得到的利益打折扣。為退休生活儲蓄也是時間折價的問題：花費可支配的收入能立即得到滿足。若是把錢存起來，表示必須等數十年後才能靠這筆錢獲得樂趣。人天生就有時間折價的趨向，總想運用當下垂手可得的資源，而不是想著保留資源，給做決定時還沒觸及的未來的自己去使用。我們透過時光旅行可以觸及未來的自己，藉此讓他提醒現在的我們：「嘿，別打折扣！」或至少說：「別打這麼多折扣！」

我們思考過去和未來時會運用審慎思維，更能做出合理的決策。我們想像未來時，並非全然憑空想像，不根據自己見過或經歷的事情去構築未來。我們對未來的想像是根源於對昔日的記憶，乃是重組過往經驗。因此，我們想像未來和回憶過去一樣，會運用同樣的神經網絡，這點並不足為奇。思考未來便是「記住」未來，用創新的方式匯集記憶，以便想像事態將如何轉變。這些大腦通路包括海馬迴（記憶的關鍵構造）以及前額葉皮質（控制系統二、審慎決策）。這是我們的認知控制中心。④晚上的傑里只要運用這些通路就能擷取記憶，例

---

② 作者注：當然，人即使運用審慎思維，也不能保證有理性。我從丹．卡漢教授的動機性推理研究發現，人若是根據統計資料去執行複雜任務（顯然是審慎或「系統二」類型的任務），很容易用推理讓運算結果符合自己先前的信念。數學能力愈強愈容易如此。丹尼爾．康納曼也同意，不該認為「系統二」不會受偏見影響。人在審慎思維時會做出各種不理性行為。然而，我們若能跳脫反射思維，便能自我反省和警惕，比較不會受情緒左右來做決策，也不會受到偏見的影響。要辦到這點，其中一種方法是善用心智時光旅行的策略。

③ 作者注：從四歲兒童到成年人，時間折價是普遍現象。在一九六〇年代初期，沃爾特．米歇爾（Walter Mischel）與同仁於史丹佛大學針對保持耐心的困難（和重要性）進行一項被稱為「棉花糖實驗」（Marshmallow Test）的著名研究。他們在史丹佛大學的賓恩幼兒托育中心做實驗，讓園中的幼兒二選一，其一是選擇可立即獲得較小的獎勵（例如：一根棉花糖），其二是選擇單獨等待二十分鐘以獲得更大的獎勵（例如：兩根棉花糖）。只見孩子使出渾身解數去等待更大的獎勵，他們扮鬼臉遮眼睛、把椅子轉過去、用手捧著棉花糖但不碰它、搗住嘴巴、聞棉花糖的味道，以及不張口聊天（勸自己別碰棉花糖，但動作難以察覺，也會掙扎，且肢體動作誇張）。米歇爾與同仁看到孩子們掙扎著不碰棉花糖時天馬行空，發現他們的舉動「讓人笑到流淚，想替他們的創造力鼓掌並歡呼，更讓人充滿新的希望」。針對棉花糖實驗參與兒童進行的後續研究指出，「延遲滿足」能力與青春期、成年期的成功指標有關聯：考試測驗分數較高、社交和認知功能評分較高、身體質量指數較低、成癮可能性較低、自我價值感更好，以及追求目標與適應挫折和壓力的能力較佳。

④ 作者注：如果想了解這個領域的研究，請參閱心理學家丹尼爾．沙克特（Daniel Schacter）與同仁撰寫的文章〈記憶的未來：記憶、想像和大腦〉（"The Future of Memory: Remembering, Imagining, and the Brain"）。

如：睡過頭、沒有準時赴約，或是在早上的會議中打瞌睡。他可以用這些記憶來想像早上的傑里會有多累；賴床之後會如何破壞行程；他若無法集中精神，當天會過得如何。

如果早上的傑里能回到過去，拍拍晚上的傑里的肩膀，叫他上床睡覺，這樣不是很棒嗎？確實有一種程式可以辦到。

照片技術和虛擬實境日新月異，有一種軟體可以預測人數十年之後的長相。多數人看見自己到了父母年紀時的樣貌會感到不舒服，當你看見了未來的你，可能會坐立不安，就好像到遊樂園去照哈哈鏡一樣，根本就是自虐的舉動。這種年齡增長技術會讓人瞧見衰老的面容，幸好我們已知道該如何更有效運用這種科技。

為退休生活儲蓄是「晚上的傑里對抗早上的傑里」的問題。如果晚上的傑里沒想過明天早上會如何，肯定也不會想到幾十年後的退休生活。退休計畫牽扯到一連串的決策，在這些決策中，現在的我們有可能損害或幫助未來的我們。設定退休目標時，必須考慮自己未來有何目標，我們需要替年老的自己存多少錢，才能安享晚年。然而，我們的支出決策似乎並未特別著眼於哪些事有利於七十歲的自己。只要隨便上網搜尋這個主題，就會發現民眾的退休儲蓄少得可怕。

根據波士頓學院（Boston College）退休研究中心的一項研究，「大約一半的勞動家庭將無法在退休時維持生活水準。」預測估計的數字各有不同，而缺口可能落在六點八至十四「兆」美元。

許多組織和公司擁有資源，可以鼓勵人們制訂退休計畫，在做出退休決策時與未來的自己「碰面」。在版本最簡單的工具中，客戶可以輸入年齡、收入、儲蓄方法與退休目標，然後應用程式會展示出他們未來的財務狀況和生活方式，使其與現在做比較。

保誠退休、美國退休協會與其他機構都提供這類程式，可以透過「視覺資料」展示未來的我們，突顯退休計畫的結果。美銀美林集團（Bank of America Merrill Lynch）分別在二〇一二年（為可上網電腦）和二〇一四年（為行動裝置）推出了稱為「美林優勢」（Merrill Edge）的平台網站，提供一個名為「面對退休」的工具。根據該集團的新聞稿，客戶若上傳一張自己的照片，便可看到「描繪未來模樣的逼真3D動畫，讓他們看見自己退休後臉上的每一條皺紋」。晚上的傑里可由此去瞧瞧早上的傑里沒睡飽時會如何。

看到未來年老的自己，可以讓人做出更好的分配決策，這種構想是基於史丹佛大學「傅立曼國際研究所」（Freeman Spogli Institute for International Studies）的傑里米·拜蘭森（Jeremy Bailenson）與蘿拉·卡斯騰森（Laura Carstensen）做過的研究。他們在實驗室使用沉浸式虛擬實境技術，展示晚上的傑里在拜訪完早上的傑里後，如何做出更好的決策。研究對象進入虛擬實境的環境，被要求將一千美元分配到以各種名目設置的帳戶，其中一個是退休帳戶。研究對象若是從鏡中看到自己現在的影像，平均會將七十三點九美元分到退休帳戶；其他研究對象則是從鏡中看到年長的自己，平均會將一百七十八點一美元分到退休帳戶。這例子令人驚訝，顯示出未來的我們能如何成為有效的決策夥伴，從旁協助現在的我們。

一旦將未來的我們納入決策中，便會開始考慮當下的決策會對未來產生何種後果。早上的傑里和晚上的傑里根本就是同一個人，晚上的傑里看到早上的傑里就會提醒自己這點。從鏡子中看到年老的自己，或是從試算表發現未來的我們將如何掙扎度日，此時便能有效提醒自己：該替退休生活存點錢。這就是未來的我們拍拍現在的自己，提醒道：「嘿，別忘了我。我是存在的，希望你能想到這點。」

人思考過去或未來並運用審慎思維時，並非能夠完全理性。然而若能跳脫當下，去觸及過去和未來的自己，就比較能做出契合長期目標的選擇。希望晚上的傑里能和早上的傑里碰面，一起決定什麼時候該睡覺；希望所有的馬蒂．麥佛萊都能從其他的馬蒂．麥佛萊汲取更多樣的觀點。

當我們決定應該現在買更好的汽車或替退休生活存錢時，希望滿臉皺紋且年邁的我們能與現在的我們碰面。

將遺憾擺在決策之前

哲學家一致認為，「遺憾」是人能感受到最強烈的情感之一，但他們對遺憾是否有用、能否發揮成效而爭論不休。德國哲學家尼采曾說，悔恨是「第一次愚蠢行為後的第二次愚蠢行為。」然而，美國哲學家梭羅（Henry David Thoreau）卻讚揚遺憾的力量：「充分利用你的遺憾；永遠不要扼殺你的悲傷，要照顧和珍惜它，直到它產生獨立且不可或缺的益處。人深感遺憾，便能重新來過。」

問題不在於遺憾是不是無法發揮成效的情感。遺憾發生在事實之後，而不是在事實之前，就如尼采所說，遺憾並無法改變已發生的事，只是悔恨無法掌控的事。但如果讓遺憾發生在做決定之前而非之後，就可能會讓人調整將會造成壞結果的選擇，然後可以從梭羅的觀點去利用遺憾的力量，藉此落實有價值的目標。如果我們讓遺憾進行時光旅行來到決策之前，就能阻止自己做出不好的下注。此外也如尼采所暗示的，我們之後將不會因遺憾而再度犯錯。

早上的傑里感到遺憾，認為晚上的傑里不該熬夜，但為時已晚，無法挽救。我們都知道美國的退休儲蓄嚴重不足，許多人日後肯定會後悔，認為年輕時沒有做出良好的財務分配決策，但那時只能悔恨莫及。人後悔時通常早已來不及，但「年齡進展成像」（age-progression imaging）足以解決這個問題。當我們看見自己退休時的模樣，就會感到遺憾，發現自己在制訂不充分的計畫「之前」，並沒有完善規劃退休生活。這是我打撲克時能減少損失的方法之一。由於我與團隊達成損失限制的協議，因此會先在腦海中跑一遍對話，想像自己被迫向成員解釋，為何我輸錢輸到超過限制後還想打牌。這樣一來，我在購買更多籌碼之前，就能對自己的決策感到後悔。

時光旅行的目標之一，就是創造這種時刻，讓我們打斷當下的決策，從過去和未來的觀點去考慮決策。然後我們可以逐漸養成習慣，鼓勵自己採取上述觀點，做決定之際詢問自己一連串的簡單問題，從中納入未來和過去的我們。不妨想像未來的我們對當下的決策可能有何想法，或是想像過去的我們若做出這種決策，現在的我們會做何感想。這些方法是互補的，無論選擇回到過去或前往未來，端看你認為哪種方法更有效。

商業記者兼作家蘇西．威爾許（Suzy Welch）開發了一種名叫「十．十．十」的流行工具，能將未來的我們帶進當下的決策。「每個『十．十．十』過程一開始會提出一個問題：每項選擇在十分鐘後會帶來什麼後果？十個月後呢？十年後又如何？」這組問題會觸發心智時光旅行，引起當責對話（求真決策小組也鼓勵這種對話）。我們可以仿效威爾許的工具，從過去的框架來提問：「如果我在十分鐘之前、十個月之前或十年之前做過這項決策，現在我會有何感想？」無論選擇哪種時間框架，回答這些問題時都是在汲取經驗（包括令我們後悔的類似決策），以便決策時能運用控制執行功能且較不屬於反射的大腦通路。⑤打撲克時必須當下做決定，而且會立即導致重大的後果，類似「十・十・十」的例行做法是一種生存技能。我從撲克賽局發現，輸掉一筆錢之後，會讓人無法好好判斷自己的牌打得如何，而我在賽局結束大約六到八個小時後，也無法適切判斷自己出牌的好壞。喝醉的人會說服自己，認為他們夠清醒，開車沒有問題；撲克玩家也是如此，很容易自我說服，認為自己就算耗費腦力長時間打牌，仍然可以保持高度警覺，繼續玩下去也沒問題。當我不在撲克牌桌、理智較清楚時，我知道自己每次打牌最好只玩六到八小時。每當玩到這個極限卻仍在考慮是否該繼續時，我會用類似「十・十・十」的策略來召喚過去和未來的自我：我以前這樣做時感覺如何？通常會有怎樣的結果？當我回顧時，是否覺得自己處於最佳狀態？我這般捫心自問，便能避開當下的風險，因為那時我腦筋可能逐漸遲鈍，卻還在說服自己，認為目前打得不錯，應該堅持下去。

⑤ 譯者注：指運用前額葉皮質（亦即系統二）來審慎決策，此乃人體的認知控制中心。

將遺憾擺在決策之前有很多好處。首先，這樣顯然可以讓我們做出更好的決策。其次，它能幫助我們事後更能寬恕自己（無論先前決策是對或錯），可以預測並準備接受不好的結果。我們若能提前規劃，便可制訂因應負面結果的計畫，而不只是單純接受並回應結果。我們還能知道出現負面結果的可能性，同時體會它帶來的感受。提前接納不良的結果，總比事發之後抗拒接受來得更好。

事後的遺憾可能會吞噬我們。遺憾就跟其他情緒一樣，最初的感覺很強烈，但會隨著時間的推移而減緩。時光旅行策略可以讓我們想到，自己現在感受的情緒強度會逐漸消退。這有助於撫平我們當下感受的情緒，也比較不會像尼采所說，再度做出蠢事。

如何不被當下的感受影響？

想像你站在高速公路路肩的一條狹窄混凝土路面上。你的車停在你身後，正閃爍著警示燈，汽車駕駛側的後輪爆胎了。天色已黑，原本下著毛毛雨，後來變成傾盆大雨，寒冷至極。你已經打了兩通電話尋求道路救援，但經過漫長等待接通並回報後，對方都只回答救助人員

「接到通知後會立即趕往現場」。你決定自己換輪胎，但發現沒有帶千斤頂。此時，你全身被大雨淋溼，冷得不得了。

這時你感覺如何？可能會認為這是你最倒楣的時刻；可能哀嘆自己有多不幸，感嘆這種事為什麼老是發生在你身上。你很痛苦，滿腦子只會想這些事。⑥

這就是人當下的感受。但如果一年前發生爆胎，你認為它會影響你現在的幸福感，或是過去一年的整體幸福感嗎？可能不會。它或許不會提升或減損你的整體幸福感，搞不好已經變成你在宴會上談論的趣事（你也許會添油加醋，使它聽起來更好玩）。

我們決策時並不擅於採用這種觀點。我們不擅長回顧過去與展望未來，以此看清任何特定時刻在時間軸上的定位，而只會體驗當下的感受並加以回應。⑦我們會根據被當下放大的

⑥ 作者注：隆納．霍華德（Ronald Howard）教授是史丹佛大學「決策與道德中心」主任，而且首創「決策分析」（decision analysis）。他透過各種趣味的方式，揭露人們遭遇常見但煩人的爆胎情況時會如何表露決策偏見。我最喜歡他曾舉某人在精神病院前爆胎的案例：一名病患透過籬笆瞧著這出事的男人。男人拿著從輪胎拆下的四顆螺帽，但因為被人盯著，不小心踩到了轂蓋，導致螺帽都滾入下水道。他很憤怒，但心慌無助，這名病患透過籬笆向他高喊：「你為什麼不從其他三個輪胎各取下一個螺帽，然後把三個螺帽鎖在備胎上？」男人回答：「這真是個好辦法。你怎麼會住在這種地方呢？」病患回答：「我可能是瘋了，但我不是笨蛋。」

⑦ 譯者注：特定時刻在時間流動中都是相等的，但是人不善於從過去或未來的角度看事情，經常過於看重眼前或當下時刻，透過變焦鏡頭扭曲了實際情況。

感覺做決策，因此最好在此之前能拉遠目光，採取更廣闊的視野。利用「十．十．十」策略就能辦到這點，讓我們從過去和未來的觀點去想像決策或結果。

爆胎並不像當下所見那麼糟糕。這種時光旅行策略能平息我們在事發瞬間暴發的情緒，讓自己平復心情，運用更理智的大腦區塊。以這種方式召喚過去和未來的我們，能刺激前額葉皮質的神經通路，抑制情緒心智，以致可以理性看待事件。如此，我們就不會放大當下，使其擴張得不成比例並且反應過度。

人會高估某個時刻對自己整體幸福感的影響力，這就等同於觀看金融市場的報價機。我們決定長期投資股票，希望股票能在數年或數十年內上漲；然而看見報價機的數字在幾分鐘內下跌，便會想像情況糟透了。當下我們腦海中的音量有多大？會比平時感覺更沉重嗎？此時最好去閱讀新聞報導或檢視留言板，看看目前流傳哪些謠言，讓自己鎮定別慌。

從波克夏．海瑟威公司（Berkshire Hathaway）⑧之類股票可看出，進行長期投資時，觀看報價機的數字（看盤）並非特別有用。請看波克夏從一九六四年以來的表現（參圖六）。

現在我們拉近變焦鏡頭，檢視一下二〇一七年一月下旬的任何一天（參圖七）。上漲和下跌幅度大得嚇人。你可以想像，當股價大約在十一點半跌到谷底時，看盤的人們必定坐立難安，以為自己賠得很慘。

圖六　波克夏・海瑟威公司表現（一九六四年至二〇一六年）

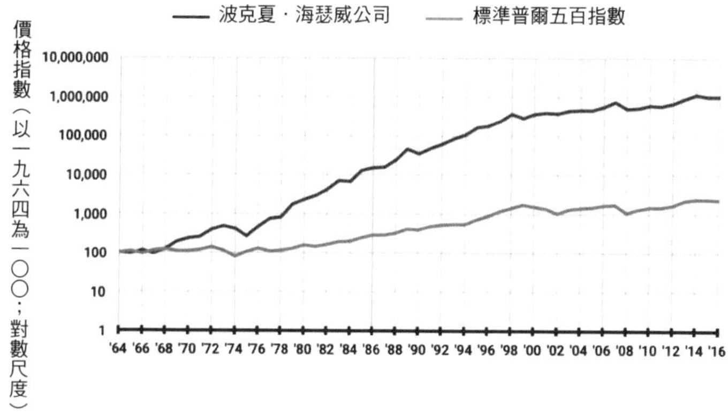

圖七　波克夏・海瑟威公司股價走勢
（二〇一七年一月下旬某日）

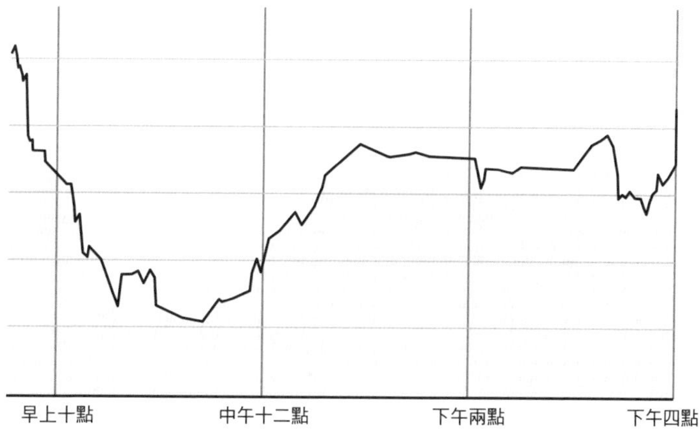

⑧ 譯者注：巴菲特入主的多元控股公司，資本雄厚，負債極少，每年都替股東創造高額的價值成長。

圖八　波克夏．海瑟威公司股價表現
（二〇〇八年九月至二〇〇九年三月）

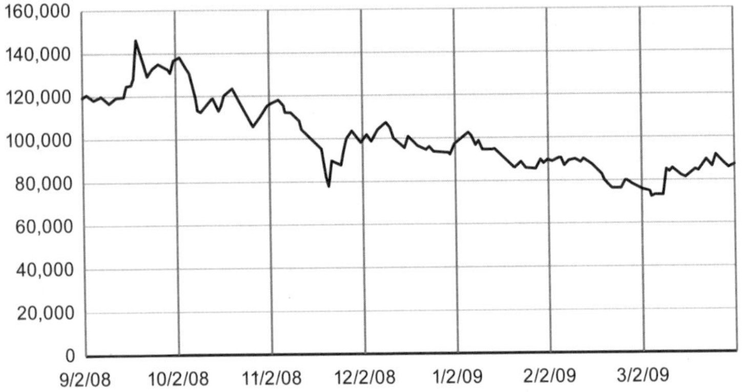

如果你又拉近變焦鏡頭，檢視波克夏．海瑟威公司在二〇〇八年九月至二〇〇九年三月金融危機期間的股價表現（參圖八），大多數的時間你會感覺很氣餒：

然而，我們從前面圖六的整體趨勢可以知道，每分鐘或每天的股價變化，絲毫沒有影響這個投資對象的總體上升軌跡。

問題在於我們一直在觀看生活中的報價機。看著報價機，拉近鏡頭去檢視情況，放大逐時或逐日的變化，這樣做並無法精準衡量幸福（無論你如何定義幸福）。我們最好將自己的幸福視為長期持股。不妨以廣角鏡頭看待幸福，努力讓幸福股票長期持續上漲，就好像圖六的波克夏．海瑟威公司表現。

進行心智時光旅行，便能從這種角度來

看待世事。我們可以善用過去和未來的自己去跳脫當下情況，點醒現在的自己，目前正在拉近變焦鏡頭，以看報價機的方式觀察生活。

我們當下用變焦鏡頭放大上漲和下跌的情況時，也會同時放大自己的情緒反應。就像遇到下雨時汽車爆胎的情境，我們會誤以為這些事物會造成重大的影響（但它們絲毫不會影響長期幸福），此時就會反射性地做決策，一心想要消除負面情緒，盡力維持狀況改變之前的正面情緒。但是這樣做就會導致自利偏差：以抱怨自己不走運為不好的結果歸因，藉此擺脫當下的負面情緒，或是將好結果的功勞攬在自己身上，以維持正面情緒。當下情緒驅動的決策可能變成一種「自我應驗預言」，使下注的品質降低，增加不良結果的發生率，讓事情變得更糟。

「最近發生的事」不僅讓情緒波動，還扭曲事實

觀看報價機不只會放大最近發生的事，也會扭曲我們對事情的看法。若想了解失真的其他元素，賭場是值得一去的地方。

假設你和朋友晚上一起去賭場玩「二十一點」，前半個小時你連續獲勝，贏了一千美元。你們因為玩得很愉快而繼續玩。然而，在後續的一個半小時裡，你似乎很難贏一手牌，結果輸了一千美元，因此整晚的輸贏打平。你的感覺如何？

現在換個假設。如果你在前半個小時輸掉一千美元，但因為玩得很愉快，所以你繼續與朋友一起賭博。在後續的一個半小時裡，你連續贏錢，賺回先前輸掉的賭金，最終整晚打平。此時你的感覺又是如何？

若是一開始贏了許多錢，最後卻打平，我猜你會覺得難過和鬱悶；若是第二種情況，你可能會非常高興，並且請大家喝飲料。這其實殊途同歸，無論哪一種情況，都是玩了兩個小時後都沒贏也沒輸半毛錢。但我們在前一種情況會非常難過，在後一種情況卻很開心。

接著套句電視購物頻道的台詞：「稍待一下，還有更多的驚喜！」

換個情境，假設你前面半個小時同樣贏了一千美元，但在後續的一個半小時裡，你似乎很難贏一手牌，結果輸了九百美元，最後整晚只賺了一百美元。此時你的感覺如何？再做另一個假設：你在前面半個小時輸了一千美元，但在後續的一個半小時裡連續贏錢，最終只輸一百美元。此時你的感覺又如何？最有可能的反應是，你贏了一百美元，卻感覺非常沮喪；然而，你若是開局很糟卻能扭轉局面，最後只輸一百美元，你還是會請大家喝飲料。因此，你會贏了一百美元卻很難過，輸了一百美元但很高興。

我們如何為結果歸因，端看我們走哪條路徑。最終到達哪裡不重要，重要的是如何抵達那裡。最近發生的事情往往比整體狀況更能刺激人的情緒，這就是為何我們贏了一百美元卻悲傷，輸掉一百美元反而高興。變焦鏡頭不僅會放大事實，還會扭曲事實。無論是在賭場賭博、做出投資決定、處理人際關係，或是因為爆胎而在路邊等待救援……一切皆是如此。即使我們上週才升官發財，在遭遇爆胎的當下，我們仍會發飆咒罵，抱怨自己有多不走運。人的感受並非對事態平均進展的反應，若我們過去投資賺很多錢，即使現在投資不賠不賺（或小賺），可能還是會難過。人與人相處時，雙方若早已存有歧見，即使只是一點衝突，結果也會鬧得很大。這些情況（與其他無數種情況）的問題在於：當下的情緒會影響我們在那些時刻做決策的品質，而且當我們受情緒影響而不適合下決策時，偏偏又會很想這樣做。

現在想像一下，你是在一年前的某個晚上去玩「二十一點」。當你想到發生在遙遠過去的結果時，可能會翻轉自己對結果的喜好，使其落在更合理的區域。現在你可能會對自己贏了一百美元（而不是輸一百美元）而高興。一旦我們在腦海中練習時光旅行，將自己從當下情況拉出來，便能看到合理的事態，不會因為觀看報價機數字上升或下跌而看到扭曲圖像。

打撲克時經常得處理這種問題。記分牌的好處是可以提醒玩家，做任何決策都會有後果，不過這也有缺點。記分牌就好像股票報價機，足以反映最新的變化，進而衍生一種風險，讓玩家耽溺於牌上的數字，看到輸贏結果就產生情緒波動，並因此做出不合理的舉動。撲克玩家經常會注意這點。

別在「失常」時，魯莽做決定

衝浪者會用二十多種術語描述各種海浪，因為海浪的類型、破碎方式、衝來的方向與底部深度等，都會為衝浪者帶來不同的挑戰。有所謂的「整排蓋浪」（closeout，浪形立即完全崩潰）、「整合浪」（double-up，兩股波浪相遇後合成一股）及「再生浪」（reform，海浪破碎後會止歇，又再度破碎）。不會衝浪的人只會把它們統稱為「海浪」，只有在極少數情況下才需要具體說明，但也只會添加描述字眼，畢竟多說幾個字不太費力，而且也不會經常（甚至永遠都不會）這樣做。

然而，專業人士得用單詞表達複雜的概念，不能像外行人一樣耗費唇舌來溝通，而術語（行話）就是細膩精確的詞彙。木匠至少會用十幾種說法描述不同的釘子，而神經腫瘤領域也有一百二十多種的大腦和中樞神經系統腫瘤。

撲克玩家得不斷努力且適當地處理當下的情緒波動，並且會以各種術語描述以下概念：「不好的結果會影響情緒，讓人無法好好下決策，然後礙於情緒激動而做出不理性的決定，可能就會導致不好的結果，這些結果又會妨礙後續的決策。」其中最常用的術語是「失常」（tilt）。撲克玩家最怕失常，當別的玩家聽到這個字眼，就知道你已經因為牌局結果而情緒失控，無法好好下決策。⑨玩家若因為最近的輸贏而失控且反應激烈，就是失常。

失常的概念來自傳統的彈珠機台。有些玩家會透過搖晃機器去改變彈球路線，製造商為了避免這種損壞機器的行為，便在機器內部置入感應器，一旦偵測到機器被猛烈搖晃，就會讓機台停止運轉。這時擋板會失效，燈光會熄滅，機器面板會四處閃爍「tilt」（傾斜）這個字，也是「失常」術語的來源。這個說法很恰當，因為當人陷入失常時，腦中發生的事就像在一台晃動的彈珠機台。大腦的情緒中心開始乒乓作響，掌管情緒的邊緣系統（limbic system）（尤

⑨ 作者注：「牌局結果不好」最可能導致玩家失常，但原因不僅如此。撲克玩家認為贏家也會失常，也就是玩家在連勝之後扭曲了決策，尤其認為自己的勝率不會回歸平均值，而是會以這種方式持續下去。贏家大勝時可能會因為情緒激動，做出不理性的牌局決策，或是高估本身牌技而去玩更高籌碼的牌局。

其杏仁核）會關閉前額葉皮質，我們會亮起燈號……然後關閉認知控制中心。

人在失常的時候，會出現情緒和生理現象。打牌時會聽到失常玩家在幾張桌子外的抱怨。每隔幾手牌，便有人高喊：「不會吧？又來一次？」或是說：「我還打牌幹嘛？乾脆把錢都給人好了。」他們會暴跳如雷，狂飆三字經。除了言語線索外，還有生理現象。失常的人臉頰會出現紅暈，心跳會加速，甚至呼吸更急促。

當然，我們不是只有打撲克時才會失常。任何結果都可能引起情緒反應。例如：與伴侶爭吵、發現餐廳服務不好、上班時聽到某些言論、千辛萬苦簽下的訂單竟然泡湯、提出的想法被駁斥等，都可能會因為情緒激動而做出魯莽的決策。相信每個人在日常生活或職場中都有過這種經歷：由於瞬間情緒激動，竟然把眼前之事鬧大。

觀看報價機會讓人失常，並出現言語和生理訊號。只要能事先識別這類訊號，就能學習如何適切處理這種時刻。一旦察覺失常現象時，無論是和配偶或孩子吵架、在職場上與人爭吵或是在賭桌上輸錢時，都要跳脫當下的情況。我們要給自己一點空間，冷靜下來思考對策。人在失常時「不適合下決策」，「深呼吸十次」和「何不多考慮一下？」之類的建議，就是要勸人別在失常時魯莽做決定。

我們可以詢問自己「十・十・十」的問題或類似的話：「以前有這種感覺時，出了什麼事？」或是問：「在這種狀態下，我能好好做決策嗎？」我們可以捫心自問，這樣是否會確實影響自己的長期幸福，以便從中得到啟發。

如果你是求真團體的成員，便可透過團體的提問讓你不致失常，並避免在失常時做決策。當你與團員彼此評估決策時，可以警惕大家別去盯著報價機，例如：挑明著問：「你認為自己正在／曾經失常嗎？」接著提出時光旅行的問題：「你認為從長遠來看，這真的很重要嗎？」如果我們願意討論失常的概念和它對決策品質的負面影響，便能幫助團體成員對自己的失常負責。

倘若我們忽視可能導致魯莽決策的情緒激動訊號，就得向成員交代為何會如此做。如此一來，團體就會灌輸我們正確的觀念，亦即要辨認失常的跡象，並且避免在這種狀態下做決定。這樣也能培養良好的心智習慣，可以獨自運行這些流程，成為自己的決策夥伴。

我在撲克生涯初期曾聽過某傳奇玩家的一句格言：「這只是一場漫長的撲克賽局。」每想起這句話，我會把眼光放遠，尤其是在過去半小時或前一手牌剛發生重大事件（或是在輪胎爆胎時），我就會這樣想。一旦學會如何召喚過去和未來的我們來提醒自己，便能適切看待近期的起起伏伏。只要眼光放遠，便能從更合理的角度去思考。

如何提高非理性行為的障礙？

世界名著《奧德賽》（*The Odyssey*）主角奧德修斯（Odysseus）[10]不僅是古代最著名的旅行家，也是一位心智時光旅行家。他返回家園的途中經歷過諸多傳奇事件，其中一件是經過賽蓮島，過往經過該島的水手會被女海妖賽蓮（Siren）美妙的歌聲吸引，然後朝岸邊駛去而觸礁身亡，奧德修斯知道，一旦水手耳聞歌聲，他們便會死無葬身之地。奧德修斯要底下船員把他的手綁在桅杆上，並命令船員在靠近島嶼時用蠟封住耳朵。如此一來，這些水手便聽不見女海妖的歌聲，駕船時不會受迷惑，而奧德修斯也可以聆聽美妙的歌聲，但無法危害船隻的安全。

這項計畫完美無缺。這種行動（讓過去的我們阻擋現在的自己做蠢事）被稱為「尤利西斯合約」（Ulysses contract）（有趣的是，《奧德賽》各種譯本稱呼主角時，通常使用其古希臘名字「奧德修斯」，而這種時光旅行策略卻使用他的古羅馬名字「尤利西斯」）。

這是過去的你、現在的你和未來的你，三者之間的完美互動。尤利西斯知道，未來的自己（以及他的船員）會受到女海妖的迷惑而觸礁，因此命令手下用蠟封住耳朵，又叫人把他的手綁在桅杆上，以此將未來的他與更好的行為聯繫起來。這種合約有個最簡單的例子，就是喝酒後與人共乘汽車。過去的你研判喝酒的你可能會誤以為自己開車技術不錯，於是決定把手綁起來，不讓它們去碰車鑰匙。

尤利西斯合約的多數案例都跟原版一樣，都是「提高」非理性行為的障礙。然而，這種預先承諾合約也能「降低」干擾理性行為的障礙。例如：我們若想吃得更健康，卻發現自己只要和某人一起去商場，就會一起逛好幾個小時，然後在美食廣場東看西看吃東西，這段時間就會做出非理性的決定（亂吃東西）。我們若能使用尤利西斯合同來「引進」（干擾非理性行為的）障礙，就根本不會去商場，不然就會把時間掐得剛剛好，只買該買的物品。反之，我們若能使用尤利西斯合同來「降低」（干擾理性行為的）障礙，就能預先承諾，在袋子裝健康食品，如此一來，即使有空吃東西，也比較會做出較好的選擇，因為此時袋子已有健康食品，不必再花力氣強迫自己去買健康食品吃。

尤利西斯合約能以各種程度綁住你的手：從完全不讓你的手去做某件事情，到不設置任何限制，只有事先對自己承諾不做某些行為。無論束縛程度如何，預先承諾合約都會觸發決

⑩ 譯者注：在羅馬神話中稱為尤利西斯（Ulysses）。

策中斷。在我們打算違約的那一刻或想斬斷束縛時，很可能會停下來思考該不該這樣做。

當你實際被禁止做決策時，就是被打斷了，因為你此時因為先前的承諾，不會受到非理性衝動的影響而魯莽行事；你根本沒有任何機會因衝動而壞事。這是強迫執行的時光旅行。過去的尤利西斯不讓現在的尤利西斯實際碰觸決策，亦即讓他根本無法做決定。

在大多數情況下，你無法做出百分之百避免塗改的預先承諾。障礙不見得要設得很高，但必須能中斷決策，並敦促我們進行一些必要的時光旅行，以便平復情緒，從適切與理性的角度做決策。

參與和解談判的律師可以（和客戶或團隊其他律師）預先決定接受和解的最低金額（或是為達成和解而同意支付的最高金額）。買房子的人若發現自己可能會太想購屋置產，也可以提前想好預算。在決定要購買某間房屋之前，知道自己最多願意支付多少錢，這樣就不會在競標時陷入困境。

扔掉家裡所有的垃圾食品，或可以讓半夜的自己無法隨意吃掉一品脫（約四百七十三毫升）的冰淇淋。然而，只要我們有車或是叫外送，仍然能在半夜吃這種垃圾食物，就是要多花點功夫罷了。我們請餐廳服務生別送上麵包籃時，情況也是如此，只要有心請服務生送上麵包，依然可以吃得到。其實奧德修斯甚至得仰賴底下船員的協助：當他聽到女海妖歌聲時會叫船員為他鬆綁，但船員此時必須不理他。

尤利西斯合約可以從許多層面訂定，讓我們成為更理性的投資者。直接將部分薪資自動轉匯到退休帳戶，這就是一種尤利西斯合約。此時若想改變分配薪水的方式，就得費點功夫，不過要是在一開始就這樣設定，可以讓設定目標的「系統二」能自我預先承諾，做出最有利於長遠未來的決定。如果我們想要更改分配薪水的方式，就必須採取具體步驟，此時便會中斷決策。

投資顧問會與客戶共同做一件事：討論目標時，會事先與客戶一同確定買進、賣出、持有特定股票或減少該股票部位的條件。如果客戶日後想魯莽做決策時（例如：看到投資股票的價值突然上升或下跌），投資顧問便會提醒客戶先前的討論結果與彼此達成的約定。

在這些情況下，預先承諾或預先確定並沒有將人完全綁在桅杆上，我們仍然可以做出情緒化、反射性和非理性的決策（即使比較困難，困難程度也不一）。然而，預先承諾可以讓我們在行動前停下腳步去審慎思考。這樣能防止每次情緒化的非理性決策嗎？當然不能。我們偶爾仍會以反射或盲目的方式做決定嗎？當然會。但這種情況不會經常發生。

運用「決策失言罐」跳脫偏見

人人皆知「失言罐」（swear jar）的概念：如果有人罵髒話，就要投一美元到罐子裡，藉此多修口德、少講髒話。「決策失言罐」（decision swear jar）是一種簡單的預先承諾合約，與本書的許多關鍵概念相符。它可以揭露某些語言和思維模式，表示我們正在偏離求真的目標。一旦發現自己使用某些詞語或屈從於應該避免的（非理性）思維模式，就得停下來冷靜思考。我們不妨將之視為落實當責的做法。

我們已經說過好幾種形成信念和歸因結果的非理性模式，可藉此注意到透露自己並非處於理性狀態的言詞、短語和思想。當然，你列出的警示徵兆可能是你本身（或家人、朋友、企業）所獨有。下面我列出足以觸發中斷決策的說法。

- 確定性幻覺。「我知道」、「我確定」、「我就知道」、「總是如此」、「我確定是這樣」、「你一〇〇%錯了」、「你在胡說八道」、「那不可能是真的」、「〇%」、「一〇〇%」或類似說法，以及其他假設事情千真萬確（但實情並非如此）的詞語。另外還有描述絕對性的詞語，例如：

「最棒」、「最差」、「總是」或「永不」。

- 過度自信。此類詞語與確定性幻覺相似。
- 不理性歸因。「我怎麼這麼倒楣」，或是相反說詞如「我肯定是頂尖高手」或「我規劃得完美無缺」（攬功的既定說法）。這包括認定是運氣或技能的講法，或者想卸責或攬功的說法，以及不理性歸因別人結果的類似說法，好比「他們活該」、「他們咎由自取」和「為什麼他們總是這麼走運」。
- 任何抱怨運氣不好的說法，只是為了推卸責任，除了想獲得同情外並無任何營養（有個例外情況是我們加入了求真團體，已明確表示需要抱怨一下抒發怨氣。）
- 為了駁斥他人常用的詞語。侮辱別人的說法如「白痴」，或是撲克界的術語「蠢驢」；一開頭便將別人歸類為「另一種典型」的語句（就如大衛．賴特曼對勞倫．康拉德所說，他曾認為身邊的每個人都是白痴，直到某天認真思考，隨即轉念：「是不是『每個人』都是白痴呢？」）
- 看不起傳遞訊息的人，因此違反默頓的普遍主義規範，甚至抹煞訊息。

以刻板印象描述某個人（尤其是根據傳遞訊息者的個性或智力來評估他們傳達的觀念），好比「擁槍狂」、「老好人」、「天龍國」、「聖經地帶者」（Bible belter）[11]，以及政治、社會議題的「加州價值觀」（California values）[12]。此外也要慎防反面現象：因為喜歡傳遞訊息的人，便欣然接納他的訊息，或是發現訊息與自己想法契合就立即接受。

- 放大某個時刻，使之與整體時間範圍不成比例。例如：「最倒楣的一天」、「最悲慘的日子」。
- 明確表示「動機性推理」與「接受／拒絕訊息的說法」。比如「這是傳統的想法」、「只要你隨便問個人……」和「你能證明這不對嗎」。同理，也要留意那些可能陷入「迴聲室效應」的講法，例如：「每個人都認同我」。
- 「錯誤」這個字應該要有專屬的失言罐。根據默頓的組織性懷疑論規範，人與人進行探索性討論時，不該說出「錯誤」。「錯誤」是結論而非理念，它也不是準確的結論，因為幾乎沒有一〇〇%或〇%的事物。當我們說出任何否定不確定性的言論或想法，就表示即將做出判斷不佳的決策。
- 缺乏對自我慈悲。如果要做自我批評，重點應放在汲取教訓與如何校準未來的決策，而不是說「我最不會處理人際關係」、「我早該知道這一點」或「我怎麼會這麼笨？」

- 分享故事時過於加油添醋。我在求真團體分享時，是否沒有說出事實，以便強調自我？我們在團體之外，是否為了讓聽眾同意我們的意見而這樣做（想取悅別人時例外）？一般來說，我們是否違反默頓的普遍主義規範？
- 讓聽眾受到利益衝突影響。這包括徵求意見時先告知自己的結論或信念，抑或是在得到聽眾的意見前便告訴他們結果。
- 制止他人參與和發表意見的說法，包括「表示確定性」與「使用不符合即興互動理念（是的，而且……）的措辭。從別人那裡獲得意見或訊息時，劈頭便說「不」或「但是」。

⑪ 譯者注：指基督徒占主導地位的地區，多指美國南部，為保守派的根據地。
⑫ 譯者注：加州通過許多備受爭議的法案，例如：大麻合法化、同性婚姻和中性廁所。民主黨幾乎壟斷加州政治資源，使加州愈來愈左傾，甚至公然與政府唱反調，立法保護非法移民。

以上列出的清單並不是絕對完整，但提供了各種說法與想法，當我們一聽到這些字眼或想法時，就該立即警覺。

我們知道應該注意特定字詞、語句和想法，一旦說出或正在思考這些事，就是背棄求真的合約。我們說出這些話，表示正屈服於偏見。當我們注意到自己說出或正在思考這些事情時，此時便能斬斷束縛，停下來開始反思。因為覺察後就能跳脫當下的偏見，所以我們才煞費苦心，列出這些暗示潛在決策陷阱的說法。

失言罐是履行尤利西斯合約的簡單例子：事前考慮未來決策可能遇到的風險，因此擬定出一項行動計畫，或至少承諾會花些時間來確認自己是否正偏離求真。想制訂良好的預先承諾合約，前提是更準確地預測未來，知道想要避免／推行哪種決策。因此這需要深思熟慮、仔細勘查。

「偵察未來」提高決策品質

「大君主作戰」（Operation Overlord）是二戰時同盟國聯軍的軍事行動，旨在登陸諾曼

第後逐漸奪回被德軍占領的法國。這是軍事史上最大型的海上入侵戰役，涉及規模空前的計畫與補給。倘若聯軍部隊遭遇惡劣天氣而延遲進攻，該怎麼辦呢？如果空降部隊礙於地形無法使用無線電通訊，該怎麼辦呢？假使大量傘兵因狂風吹襲而偏離降落路徑，該怎麼辦呢？要是海況不佳干擾搶灘登陸，該怎麼辦呢？若從不同海灘登陸的部隊無法集結，該怎麼辦呢？許多事情都可能出錯，成千上萬的生命將受到威脅，甚至影響戰爭的結果。

這些事情「確實」出錯了，反攻日（D-Day）當天及後續幾日還發生了許多問題。然而諾曼第登陸仍大獲成功，因為盟軍已經做好萬全準備。從馬匹開始被使用於戰爭以來，偵察一直是戰前軍事計畫的一部分。當然，現代軍隊早已進化，不再派遣斥候刺探軍情後向主力部隊回報，而是改用飛機、無人機、衛星或其他高科技設備收集戰情。

美國海豹部隊曾擊殺賓．拉登，但這批特戰隊不可能不知道高牆後面的情況就冒然突襲。裡面有哪些建物？建物的布局和用途是什麼？如果在不同的天氣或時刻襲擊，會有哪些不同的結果？有哪些人會在場？他們可能帶來何種風險？假使賓．拉登不在那裡，該怎麼辦？如果海豹部隊掌握這些情況（當然還有其他林林總總的事），他們會嘗試做什麼？就如海豹部隊襲擊前要仰賴偵察，我們也不能事前不做功課就開始規劃未來，應該要掌握哪種決策會造成哪種未來，以及出現這些未來的機率。

為了做出更好的決策，我們需要偵察未來。如果決策是基於信念而下注，那麼在下注前應該詳細考慮未來可能發生哪些事情。任何決定都可能導致一連串可能的結果。

考慮一下一系列的結果會包含哪些未來（可用新穎的方式，串連想像事情將如何發展），這將有助於我們弄清楚該做哪些決定（參圖九）。

做法是釐清可能性，然後估算機率。首先，想像一下各種可能發生的未來。這也稱為「情境規劃」（scenario planning）。統計學家兼作家納特．西爾弗會整理和解釋數據，並以此擬定最佳策略。西爾弗經常採用情境規劃，不是根據數據得出特定結論，偶爾是討論各種數據所支持的各種情境。二〇一七年二月初，他講述情境規劃的優點：「面臨高度不確定的情況時，軍事單位和大型企業偶爾會使用情境規劃。這種方法的概念是考慮未來如何開展的各種可能性，藉此進行長期規劃並做好準備。」

圖九　考慮下注後可能的未來

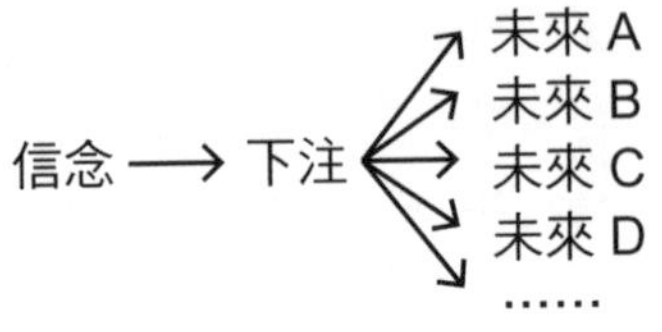

盡量找出可能的結果後，就得仔細估算各種未來的發生率。我為企業提供諮詢時，會與他們一起畫出決策樹，然後確認各種未來的發生率；但人們通常不想去猜測未來事件的機率，因為他們認為無法確認發生任何情況的可能性。然而，這就是重點所在。

之所以要偵察敵情，就是因為不確定戰情。我們不會（也可能無法）精準知道事情將如何演變。這樣做不是為了完美預測未來，而是要確認每次下決策時都已經預測過未來。我們明確這樣做，便更能做好萬全準備。如果我們擔心猜測不準，其實就已經在猜測未來了。我們根據可獲得的選項，已經在猜測自己執行的決策是否可能獲得良好結果。只要嘗試去估算機率，就能偏離〇％或一〇〇的預設想法，自然也不會認為事情結果不是甲就是乙。只要能擺脫極端判斷，所做的預測都比根本不預測還合理。即使評估後的結果範圍很廣，比如特定情境的發生率落在二〇％至八〇％，仍然比不預測更好。

經驗豐富的撲克牌玩家非常熟悉這種偵察未來的舉動。玩家在下注之前，會考慮每位對手可能或如何反應（蓋牌、跟進、加注），以及每種回應的可能性和可取度（如果某些或全部對手都不蓋牌），進一步思考該如何去回應。即使你不打撲克，也知道玩家應該在「下注前」好好考量這些因素。一個玩家愈專業，能規劃的步驟愈多。高手玩家在下注前會先預測，自己在每次對手回應後該做什麼，以及他們現在採取的行動將如何影響未來某一手牌的決策。最厲害的玩家不僅會考慮眼前的這一手牌，還會思索後續的牌局：現在這個出牌方式，將如何影響他們和對手之後拿牌時所做的決定？撲克玩家活在講究機率的世界：「有哪些可能發生的未來？這些可能發生的未來發生率各是多少？」由於無法看到對手的牌，他們深知這些事情無法確認，卻對此處之泰然。

策略思考（strategic thinking）大都如此。無論是銷售策略、商業策略或法庭策略，最佳的策略都是盡量去考慮各種情境、預測，然後考量如何擬定策略去因應每種情境，並深入地畫出決策樹。

這種情境規劃可以讓人自行踏上心智時光旅行。若能參加某個情境規劃小組，而小組成員願意敞開心胸接受異議和不同觀點，便能達到更好的效果。透過不同的觀點，我們將找出更多情境深入地畫出決策樹，同時更精準推估它們的機率。假使兩個人推估結果的機率落差太大，正好可讓他們互換位置，站在對方的立場去彼此討論。一般而言，答案會落在中間地帶，雙方會調整本身的立場。偶爾某一方或許也會想到另一方忽略的關鍵影響因素，只有在雙方容忍異議的情況下，才可能發現這個因素。

偵察各種未來，不僅能提高決策品質，還有許多額外的好處。首先，情境規劃可以提醒人們：未來的本質是不確定的。在決策時明確表達這點，就更能看清楚這個世界。其次，我們可以做好準備，知道如何因應初步決策後可能造成的各種結果。我們可以預測正面或負面的局勢演變並擬定策略，而不只是被動反應。能應對不斷變化的未來是一件好事，而對不斷變化的未來感到震驚則不是好事。我們採取情境規劃後會更加靈活，因為我們已經考慮周全且做好準備，足以應付各種未來情況。如果偵察後發現自己可能陷入不理性的情況，便可使用尤利西斯合約來束縛自己。第三，預測結果的範圍之後，一旦特定的未來確實發生了，我們也不會遺憾，因為木已成舟，遺憾無濟於事（我們或許會感到興奮或高興，但也不必有這種舉動）。最後，描繪可能的未來與推估其發生率，就記住那些可能的未來，如此比較不會陷入「結果論」或「後見之明偏誤」，亦即輕描淡寫地略過了沒有發生的未來，或誤以為實際發生的未來是不可避免的。

情境規劃，預想各種可能

幾年之前，我為一個全國性的非營利組織「課後全明星」（After-School All-Stars）提供諮詢服務，與他們一同將情境規劃納入預算編列。⑬阿諾·史瓦辛格於一九九二年創立「課

⑬ 作者注：我在二〇〇九年加入「課後全明星」董事會，必須提供這項諮詢。

後全明星」，在全美十八個城市幫助七萬多名低收入戶青少年，提供了三小時妥善規劃的課後教育。該組織極為仰賴政府補助金運作，很難編列預算，因為補助金撥款過程充滿不確定性。為了協助他們進行情境規劃，我請他們列出所有申請項目和每筆補助金的額度。他們列出所有未支付的補助金申請表及申請金額，然而，我從資料中看不出每筆補助金有多少。當他們指出記載金額的欄位時，我才恍然大悟，原來我們從不同角度看待金額。我們之所以看法分歧，是因為申請的補助金有「期望值」，但「政府若確實撥款」，則會拿到實際金額，而這兩種金額無法掛勾。⑭

想要算出每筆補助金的期望值，就得進行一項簡單的情境規劃：想像申請之後可能出現的兩種未來（核可或拒絕），以及每種未來的可能性。例如：他們申請十萬美元的補助金，可能有二五%機率會成功，該筆補助金的期望值就是二萬五千美元（十萬美元乘以二五%）。如果他們預計只有四分之一的機會拿到補助金，該筆補助金就不值十萬美元，只值十萬美元的四分之一。申請二十萬美元的補助金，成功率若為一〇%，期望值就是二萬美元。申請五萬美元的補助金，成功率為若為七〇%，期望值就是三萬五千美元。若不以這種方式考慮，便無法決定某一筆補助金的價值，反而會誤以為二十萬美元的申請案有最高價值（其實五萬美元的申請案才是）。最後他們終於了解問題在於「沒有納入不確定性」（編列預算時綁手綁腳），先前沒有將不確定性納入規劃或資源分配的程序，所以未能縝密編列預算。

我與「課後全明星」總部合作後，他們在規劃時便納入獲得每項補助金的可能性。透過情境規劃，該組織獲得立竿見影的效果：

- 他們創建一個更有效率與更具成效的「工作堆疊」（work stack）⑮。尚未練習情境規劃之前，他們自然而然優先申請更高的補助金額，先讓更多資深員工處理這些高額申請案，並聘請外部人員完成申請流程。納入思考撥款機率後，如今他們決策時會優先考慮申請案對組織的實際價值。此後，他們優先處理「價值」較高的申請案，而非潛在補助金額較高的申請案。
- 他們能更務實地編列預算。組織對提前估計可獲得的補助金額更有信心。

⑭ 作者注：我要求他們針對每項補助金去計算期望值，亦即將（獲得補助金的）每種結果的金額乘以每種結果的發生機率，然後累計這些值，計算出長期的平均值來當作期望值。

⑮ 譯者注：在資訊工程領域，堆疊是遵循後進先出的有序集合。

- 由於提出期望值需要估算獲得補助金的可能性，於是他們逐漸著眼於提高估算的準確性。這促使他們回頭去找批准補助金的承辦員以完成（學習）循環。之前被拒絕後，他們會跟進駁回補助金的人員；但現在專注於檢查和校準撥款機率，因此還會跟進批准補助金的承辦員。總體而言，他們事後評估結果時側重於了解哪些申請案有效，哪些無效，哪些是運氣，該如何做得更好，不僅提高估算機率的精準度，同時也提升申請案的品質。
- 他們會思考如何才能申請到補助金，並落實這些行動。
- 他們比較不會陷入「後見之明偏誤」，因為事先考慮過獲得（或未獲得）補助金的可能性。
- 他們比較不會陷入「結果論」，因為在獲得（或未獲得）補助前評估了決策過程。
- 最後，組織因為將情境規劃納入預算編列和申請補助金程序，因此獲得了許多好處，使將這種做法擴展到所有部門，使其融入組織的決策文化。

預測能否獲得補助金與預測銷售量相似，每個銷售團隊都可以實施這種程序。公司只要推算獲得（或無法獲得）訂單的機率，就能更仔細確認銷售的優先順序、預算編列、資源分配、評估和微調預測的準確性，並且避免陷入「結果論」和「後見之明偏誤」。

如果可能的未來變多，或是更深入到決策樹時，就會出現更複雜的情境規劃版本。我們要考慮接下來該如何做以因應局勢，並考量下一個決策會造成哪些結果等。

讓我們針對海鷹隊教練皮特・卡羅爾備受批評的超級盃戰術來進行情境規劃。當時比賽只剩二十秒，還有一次暫停機會，海鷹隊落後四分，在愛國者隊的一碼線前準備第二次進攻。卡羅爾有兩項進攻選擇，亦即「跑陣」或「傳球」，這些選項又會衍生各種情境。

如果卡羅爾要求隊員帶球前進（跑陣），以下是可能發生的未來：（一）達陣得分，隨即獲勝；（二）掉球而進攻失敗，立刻敗北；（三）在得分線之前被擒抱；（四）進攻犯規；（五）防守犯規。（三）到（五）的未來情況又可區分出額外的情境。到目前為止，最可能的失敗情境是跑鋒在跑到達陣區之前被擒抱。海鷹隊可以利用最後一次暫停機會來凍結時間。如果他們又使用跑鋒戰術卻沒有得分，比賽就結束。

若卡羅爾要求隊員傳球，以下是可能發生的未來：（一）達陣得分，隨即獲勝；（二）被攔截而進攻失敗，立刻敗北；（三）未完成傳球；（四）被擒抱；（五）進攻犯規；（六）防守犯規。若發生前兩個未來情況，比賽就結束，其餘情況則會衍生額外的戰術執行和其他結果。

傳球和跑陣的主要區別在於：卡羅爾下令傳球，海鷹隊可能有三次得分機會，如果他命令跑陣，就只有兩次得分機會。假使帶球進攻失敗，就得祭出最後的暫停手段來凍結時間，以便進行第二次跑陣。至於傳球如果未完成，時鐘就會停止，海鷹隊還有一次暫停機會，同時可以組織同樣的兩次跑陣。如果傳球被攔截，就無法進行第二次或第三次進攻，但發生機率介於二%至三%，看起來很划算，因為這樣有三次得分機會，而不是只有兩次。（跑陣掉球機率介於一%至二%。）[16]沒有偵察未來，就無法看出額外的進攻方法。賽事結束後，人們有大把時間分析海鷹隊的戰略，但只有少數評論員發現傳球進攻的優點。

重要的是，當我們偵察所有的未來情況，根據各種未來的機率和可取度做決策時，將會表現得更好。「課後全明星」組織無法確保申請的補助金都能被核可，但他們只要採用良好的程序，便能適切決定該優先處理哪些申請案，也更能預估從一堆申請案中能獲得多少補助金額。卡羅爾雖飽受外界批評，但我想他不會認為叫威爾遜傳球是錯誤戰術並因此夜不成寐。

偵察未來可以大幅提高決策品質，讓人不會對結果反應過度。到目前為止，我們已經討論了要事前思考未來的情況。然而，若想畫出更好的決策樹，進行更有效的情境規劃，反而要向後回顧，而不是往前眺望。

向後預測：從正面的未來向後回顧

想像未來的方式很多，效果各有所不同。中國有句俗諺：「千里之行，始於足下。」你有聽過嗎？其實，若要盤算步行一千英里（約一千六百零九公里），最好從目的地向後回顧，想想自己是如何抵達的。事前思考時，站在終點向後回顧，比站在起點往前眺望更有效。

從現在展望未來會產生扭曲的觀點，類似於紐約曼哈頓居民對世界的刻板印象，著名的《紐約客》雜誌（*New Yorker*）曾經嘲笑這點。某期雜誌封面 ⑰ 刊出了從紐約人角度描繪的

⑯ 作者注：美式足球隊伍都會運用先進的分析技術，擁有基本知識的球迷也可以自行估算一般的機率（這些不包含新英格蘭愛國者隊短碼數的防守調整數據）。如果威爾遜向後退去傳球，大約八%機率被撲殺，大幅丟失碼數，必須使用最後一次暫停的機會；五五%機率傳球成功，達陣得分；三五%機率傳球未完成，計時停止，仍有兩次進攻機會。因為有一次的暫停權利，所以又多一次可以跑陣失敗的機會；二%機率傳球被攔截。假使威爾遜將球遞傳給跑鋒馬肖恩．林奇，林奇不是前進一碼得分，就是在抵達得分線前被攔阻或掉球。林奇的掉球機率介於一%至二%。若要分析後續情況，必須運用先進的分析技術（可能還得基於不多的樣本數）。不過我們可以揣測，林奇的職業生涯中，有十三回是第四次進攻時跑陣（應該是短碼數情況），他有兩次達陣和七次獲得第一檔進攻。在我寫下這注釋時，林奇的職業生涯有一百二十一次第三次或第四次進攻時短距離抱球前衝的紀錄，其中十一次達陣得分，七十次獲得第一檔進攻。

⑰ 譯者注：作者指一九七六年三月二十九日的《紐約客》封面，這是插畫家索爾．斯坦伯格（Saul Steinberg）最出名的作品，名為《從第九大道看世界》。

地圖，紐約街區占了地圖的一半，第九大道的建築物歷歷在目，連車輛和行人都不例外，但哈德遜河和紐澤西只是兩道水平的帶狀地帶。整個美國占據的空間等同於第九大道和第十大道之間的距離。在太平洋水平地帶外有三個小區塊，分別標示「中國」、「日本」與「俄羅斯」。

我們預測未來時會面臨類似的觀點扭曲風險。從眼前所處的位置眺望未來，現在和不久的未來都會赫然聳現，顯得龐大無比，而更遙遠的事物則會失焦，變得更為渺小，無足輕重。

想像未來與記憶過往會喚起相同的大腦通路。事實證明，「記憶未來」則是更好的計畫方式。從現在的觀點很難看到下一步之後的情況，我們最終會為了解決眼前問題而過度計畫，如此就是隱約假設情況將保持不變、事實不會改變、典範也將屹立不搖。然而，世界變遷太快，不要認為這種方法會奏效。薩繆爾・阿爾伯斯曼撰寫過《事實的半衰期》，整本書都在討論一點：假設未來與現在一樣，將會面臨許多風險。

優秀的撲克玩家和西洋棋高手（或任何領域的專家），通常能比其他人更進一步規劃未來而勝出。同理，我們若能更生動地想像未來，避免從現在往前眺望時產生的扭曲觀點，就能夠做出更好的決策。當我們從目標向後回顧，則可以更深入規劃決策樹，因為這種做法是從終點起步。

根據研究，人們只要確定目標並由此向後回顧來「記憶」自己如何抵達那裡，就會表現得更好。有一篇《哈佛商業評論》的文章指出，決策科學家格里・克萊因（Gary Klein）總結了德博拉・米切爾（Deborah Mitchell）、約瑟夫・愛德華・拉索（J. Edward Russo）和南茜・彭寧頓（Nancy Pennington）在一九八九年做的一項實驗結果。這些研究人員發現，「前瞻性的『預期後見之明』（prospective hindsight），也就是想像事情已經發生，可以提高三〇％『正確找出未來結果的原因』的能力。」

龐大的都市計畫需要巨額的資金、大量的材料與投入心血，還要從遙遠的未來目標向後回顧願景。例如：美國景觀設計之父弗雷德里克・羅・奧姆斯特德（Frederick Law Olmsted），他在規劃曼哈頓的中央公園時就知道，這座公園日後將會散發魅力，居民也能徜徉其中，但是必須等上數十年，讓景觀變化和成熟。中央公園在一八五八年對外開放，當時民眾穿越公園會看到很多荒蕪之地。即使到了一八七三年，所有建築工程大致竣工時，仍有許多矮小的樹木，樹木、灌木和植物顯然才剛剛移植過去。當年造訪的人，肯定想像不到中央公園如今的模樣。然而，奧姆斯特德卻能辦到這點，因為他是從公園的未來發展樣貌進行反推。

從目標向後回顧來描繪未來，最常見的一種形式被稱為「向後預測」（backcasting）。所謂「向後預測」，就是想像已經取得正面成果，高舉印有「我們實現了目標！」標題的報紙，然後思考自己是如何達成目標的。

假設某家企業打算制訂一項三年的策略計畫，將市場占有率從五％提高至一〇％。參與規劃的人都得想像自己拿著一份報紙，上面有斗大的標題：「過去三年，某公司將市占率提高了一倍。」現在團隊負責人要求手下找出達成目標的原因：曾經發生什麼事情、做出了哪些決定、企業如何開疆拓土來取得市占率。如此一來，該企業便更能擬訂可達成目標的策略、戰術和行動，也會知道何時該調整目標。透過「向後預測」，可以確認何時會出現「低機率事件」（low-probability event），而這類事件必須發生，才有可能達成目標。如此一來，就能制訂增加這類事件發生率的策略，或是了解所設定的目標過高而難以企及。該公司還可以預先透過「向後預測」去制訂計畫，包括因應可能阻撓實現目標的態勢，以及隨著未來不斷開展，找出轉折點去重新評估計畫。

一位庭審律師在接下新案件並準備制訂出庭策略時，可以想像判決獲勝的未來。他得到了哪些有利的裁決？最有利的證詞如何發揮作用？法官接受或拒絕何種證據？陪審團表達了何種觀點？

如果我們打算花六個月減掉二十磅體重，擬訂計畫時不妨想像自己在六個月後已經減重成功。我們做了什麼事情才順利減肥？我們是如何做才不去吃垃圾食品？我們如何增加了運動量？我們如何能堅持減重計畫？

想像成功的未來並從該處「向後預測」，這是一種有效的時光旅行練習，可以讓我們找出達成目標的必要步驟。不過，若我們想像「不好的未來」並向後回顧，這種做法會更有效。

事前驗屍：從負面的未來向後回顧

你若知道醫學術語或曾看過犯罪鑑識影集，鐵定聽過「驗屍」這個詞，也就是法醫透過解剖屍體去驗證死因。所謂「事前驗屍」（premortem）是調查可怕的事件，不過是在「事件發生前」去執行。多數人傾向樂觀期待未來，因此通常會高估好事發生的機率，自然以過於樂觀的想法去看世界，並因此自我感覺良好。然而稍微否定一下現實，反而能常保安泰。進行「事前驗屍」就是壓抑我們的正面態度，想像自己沒有達成目標。

「向後預測」與「事前驗屍」相輔相成：前者想像正面的未來，後者幻想負面的未來。我們若不同時表示正面和負面的空間，就無法塑造出完整圖像。「向後預測」會展示正面空間，「事前驗屍」則揭露負面空間。「向後預測」是啦啦隊員（搖旗吶喊者），「事前驗屍」是喝倒采的觀眾。

想像眼前有個標題寫著：「我們沒達到目標。」以此做為挑戰，讓我們停止自以為是（自顧自地抱持樂觀、合群的態度），開始思考到底是哪裡出錯了。如果公司打算花三年讓產品的市占率翻倍，「事前驗屍」的標題就是：「公司未能達成提升市占率的目標，企業成長再度停滯。」規劃團隊現在就得想像為何會延遲推出新產品；是否少了哪些關鍵的主管、銷售、行銷或技術人員；對手何時推出新產品；經濟發展延滯；或是企業典範轉移，導致客戶不再使用公司產品；也可能是需要目前市面上沒有或尚未問世的另類產品等。

處理案件的律師則要想像：有利的證據被駁回、尚未發現卻足以破壞案情的證據、來了一位無情的法官、陪審團不喜歡或不信任主要的證人等。

設定減肥目標並制訂達成目標的計畫時，進行「事前驗屍」可能就是想像：參加別人的慶生會時必須吃些蛋糕、開會時很難不吃點貝果與餅乾、很難找時間去健身房運動（但是很容易找藉口不去）。有許多文獻指出，將成功視覺化是實現目標的一種方法，是很常見的自助策略元素；相較之下，進行「事前驗屍」（將失敗視覺化）似乎會阻礙成功。

雖然人們普遍認為「正面視覺化」可幫助成功，但其實納入「負面視覺化」更可能讓人實現目標。紐約大學心理學教授歐廷珍（Gabriele Oettingen）寫了一本書《正向思考不是你想的那樣：讓你動力滿滿、務實逐夢的動機新科學》（*Rethinking Positive Thinking: Inside the New Science of Motivation*，天下文化出版）。她在二十多年的研究中不斷發現，追求目標時會想像前方有障礙的人，反而更可能成功，並將這過程稱為「心智對比」（mental contrasting）。歐廷珍首先研究參加減肥計畫的女性，結果發現研究對象「若抱持強烈的正面幻想，自認為會瘦下來……她們與從負面角度想像減肥結果的人相比，平均少減了二十四磅。夢想著實現目標，顯然無法使人達成目標，反而會構成阻礙。在這項研究中，眼中閃爍夢想的人在減肥時比較不積極。」

歐廷珍在不同情況下重複這些結果。她曾招募一些單戀別人的大學生，鼓勵一組研究對象去想像談戀愛的正面情境，同時要求另一組去幻想與人交往的負面情境。這項研究結果與減肥研究類似：五個月後，沉迷於正面情境的研究對象比較不可能談成戀愛。

歐廷珍發現，無論是求職者、準備期中考的學生或接受髖關節置換手術的病患，各種研究都得到相同的結果。歐廷珍同意人們需要有積極的目標，但我們若能幻想負面的未來，將更可能達成目標。要進行「事前驗屍」，就得想像為何沒達到目標：我們的公司沒有擴展市占率；我們沒減肥成功；陪審團的裁決有利於對方；我們沒達到銷售目標。然後，我們會去思考為什麼。無法實現目標的原因有很多，這些原因都能幫助我們預測潛在的障礙，同時提高自己的成功率。

「事前驗屍」就是落實默頓的「組織性懷疑論」規範，改變遊戲規則來容忍異議。與人一起進行「事前驗屍」，不當最熱情的啦啦隊員，而是成為最能發揮功效的喝倒采者。所謂「勝利」，並不是整個團隊感覺良好，認為結局跟大家想像的一樣順利完美就能得到。「事前驗屍」就是從不利的未來（亦即沒有實現目標）向後回顧，因此一個人若想爭取團隊認可，或因為對整個過程做出貢獻而感覺良好，就要提出最具創意、最為相關和最有可行性的原因，說明為何事情不盡理想。

順利進行「事前驗屍」的關鍵在於，人人皆可隨意提出理由，而且要殫精竭慮、索盡枯腸（請參考我提供的個人經驗、公司經歷、昔日先例、《比佛利拜金女》劇集、體育事件等類比），說明某項決策或計畫可能會如何失敗，讓團隊成員預測並提出解釋。

「事前驗屍」開闢了一條扮演紅隊的道路。一旦將這種練習定位成「沒錯，我們失敗了。到底是為什麼？」每個人都可以自由提出潛在的失敗點，彌補他人漏看之處，也不必害怕會被視為烏鴉嘴。這種做法可以讓人表達疑惑，不會覺得他們指責規劃的行動方案有誤，因此在規劃流程中融入「事前驗屍」，能夠創立更加健康的組織，因為抱持異議的人可以在規劃時表達意見，不會覺得被拒於門外或沒人願意聆聽自己的聲音。每個人的意見都變得更有價值，組織比較不會去打壓異議分子，因此不會聽不到各種意見。當事態結果不盡理想時，先前有疑惑的人也不太可能會因此累積怨氣或悔恨，因為他們在之前規劃策略時，已經表達了自己的看法。

讓這種負面空間的想像融入求真團體中，便能幫助人強化一種「預測未來障礙並將其視覺化」的新習慣。當我們參與團體強化了這種思維，相信之後一定更能自行考慮本身決策的不利因素。

想像正面和負面的未來，便能更務實地眺望未來，讓人好好規劃並做準備以因應更多的挑戰，而不只是單純從未來「向後預測」而已。一旦了解事情有可能出錯，就能提防不良結果、制訂行動計畫、靈活因應更多樣的未來發展，並事先接受負面反應，如此才不會對它感到驚訝。如此一來，我們就更可能實現目標。

「向後預測」並想像事情順利發展時，一旦進展不順，自然會顯露問題。因此，「向後預測」不是過度表達正面空間，而是更重視負面空間。人有樂觀的本性（自然從正面去「向後預測」），因此會幻想成功的未來。少了「事前驗屍」，我們就看不到這麼多通往未來的道路，不知原來目標這麼容易落空。「事前驗屍」會迫使我們畫出決策樹的失敗層面，進而了解這個失敗層面極為穩固，發生率原來如此之高。

別忘了，正面和負面未來累加起來的機率必須達到一〇〇％。「向後預測」的正面空間與「事前驗屍」的負面空間仍必須擠進有限的空間。當我們看到負面空間非常大時，就必須縮小正面空間，以便更準確地反映現實情況，而不是表露我們天生的樂觀本性。

一旦將過去、現在和未來的自我融合在一起，就能做出更好的決策，並且會因為下了這些決策而感覺更好。我們不但能調整樂觀的程度，也能適切調整目標，積極制訂計畫，減少不良結果的機率，提升良好結果的可能性。這樣一來，就不太會對糟糕的結果感到驚訝，也能夠更妥善準備應變計畫。

規劃時考量負面空間可能會感覺不太好，但從長遠來看，更加客觀看待世界並做出更好的決策，總比對負面情境視而不見來得好。缺乏「事前驗屍」的「向後預測」或多或少是一種時間折價，因為想像正面的未來，會讓現在的我們感覺更好。若願意放棄這種當下的滿足感，我們便能更準確地看待世界、做出更好的初步決定，無論之後的事態如何轉變，都能更加靈活應對。

一旦我們做出決定，而其中一個可能的未來確實發生了，此時也不能放棄所有的可行計劃，即使（或特別是）這些計劃原本是針對未實際發生的未來所制訂的。如果忘記了沒有發生的未來，可能會因此無法制訂出好的決策。

知道結果後，別砍了決策樹

心智時光旅行的目標之一，是以適當的觀點去處理事件。若要理解這種觀點的最大風險，不妨將時間視為一棵樹。這棵樹有樹幹，頂部有樹枝，還有樹幹與樹枝相交之處。樹幹代表過去，一棵樹只有一根正在生長的樹幹，如同人只有一個不斷累積的過去。樹枝是潛在的未來，枝椏愈濃密，表示愈可能發生的未來；枝椏愈稀疏，代表愈不可能出現的未來。樹幹與樹枝的交界就是現在。上面有許多樹枝，所以有許多未來，但只有一根樹幹，也就是只有一個過去。

隨著未來逐漸變成過去，這些樹枝會如何？不斷前進的現在就像電鋸，當某根樹枝成為事物發生的方向時，那根樹枝就會成為過去，而現在的我們會切斷並毀掉其他沒有實現的樹枝。當我們回顧過去看到已發生的事情時，會覺得這件事似乎是不可避免的。為何人從當下的觀點回顧過去，會覺得成真的事實是不可避免的？即使是最小的樹枝、最不可能發生的未來（好比四分衛羅素．威爾遜傳球會被攔截機率是二％至三％），一旦成為了過去事件，化成壯碩樹幹的一部分，就會逐漸向外擴展。事後看來，二％至三％的機率就變為一〇〇％，其他樹枝無論多粗，都會從我們的視野中消失。

這就是「後見之明偏誤」，也是機率思維的敵人。

弗蘭克．伊斯特布魯克（Frank Easterbrook）法官是美國第七巡迴上訴法院的首席法學家與成員。他曾提出警告，表示法律體系在某個可能出現的未來已發生後才去評估機率是有害的。在「堅提茲訴康尼格拉食品公司」（Jentz v. ConAgra Foods）的案件中，康尼格拉食品公司有一個高溫穀倉，因此請名為「西側」（West Side）的公司去調查並處理穀倉悶燒氣味、煙霧和溫度升高的原因。西側公司的領班無法解決問題，便叫康尼格拉公司打電話給消防隊滅火。然後，他要底下員工從通往穀倉的隧道中移除工具，以免妨礙消防員進出。

這些工人在隧道工作時，穀倉突然爆炸，他們因此嚴重受傷。這些傷患向康尼格拉公司和西側公司提告。陪審團裁決一點八億美元的賠償金和懲罰性賠償。伊斯特布魯克法官曾位法院撰寫報告，談論西側公司被判賠的懲罰性賠償，指出伊利諾州法律「嚴重偏離」判賠懲罰性賠償的標準。他從審判紀錄中找不到任何證據，足以證明領班命令工人從隧道移除工具時能預測到穀倉會爆炸，因此做出以下結論：「判決似乎是『後見之明偏誤』的後果，亦即人們傾向於相信已發生的事必然會發生，而且每個人應該都能料想到。如果（領班）知道穀倉即將爆炸，他就是個禽獸；但是並沒有證據可以佐證這點。只靠後見之明偏誤，不足以支持判決結果。」

一旦我們知道結果發生了爆炸，便很難去想像當事人在「爆炸只是幾種可能未來之一」的情況下會做出哪些行動。陪審團有利益衝突，他們在聽到工人進隧道取回工具前，就已經知道了結果，因此砍掉了其他的樹枝，不管其他基於穀倉當時情況而可能發生的未來。他們從事後反推，只看到許多情況匯集後而導致「不可避免的悲劇」。

想像一下，如果有更多人能像伊斯特布魯克法官這樣行事，本書前面提到的那些人們將會有什麼不同的遭遇。

史蒂夫．巴特曼在觀眾爆滿的體育場上，若是面對擁有伊斯特布魯克法官觀點的小熊隊球迷，他們會知道，「小熊隊輸掉比賽」只是許多可能發生的情況之一。在巴特曼和他身旁人爭搶界外球的那一刻，巴特曼碰到球的未來只是一根細小的樹枝，而小熊隊隨後輸掉比賽只是最細小的樹枝，需要搭配各種不太可能出現的現場情勢才會實現（好比派王牌投手上陣，卻被接連擊出安打，還有偉大的游擊手出現罕見失誤，無法以雙殺結束該局）。就如領班命令工人進入隧道並不會引起爆炸，巴特曼碰到球也不會讓小熊隊輸掉比賽。他只是不走運，在碰到那顆界外球之後，發生了許多他無法掌控的局面。

皮特．卡羅爾和那些事後諸葛應該聆聽伊斯特布魯克法官的話，不該假設某件事一旦發生，就表示它必然會發生。如果我們在其中一個潛在未來發生「之前」，沒有考量所有潛在未來，「之後」幾乎不可能從務實角度去評估決策或機率。

那位執行長解雇總經理之後，主要就是遇到這種問題。他起初認為解雇總經理是最糟的決策，但在重建決策樹之後（其實就是從地上撿起樹枝，把樹枝接回樹幹），顯然他和公司幹部先前已做了一系列仔細且慎重的決策。然而因為後來得到了負面結果，這位執行長一直深感遺憾，在回顧自己的決策時，沒看到所有樹枝及其可能性。他僅僅看到了樹幹，因此眼中只有糟糕的結果。

這位執行長用電鋸斬斷了其他樹枝，把它們送進碎木機。這些樹枝不見了，而執行長也表現得好像它們從未存在過。這就是「後見之明偏誤」，當一個人知道結果之後，就會拿著電鋸在森林裡到處亂鋸。一旦發生了某件事，人們就不再將其視為機率性的存在（甚至不記得它們「曾經」是機率性的存在）。當我們脫口說出「我早就知道」或「我早就告訴過你」，就是抱持「後見之明偏誤」的心態，因此會感到遺憾，卻無濟於事。

只要準確表示可能發生的事（不是事後抱持的想法），並記錄透過良好規劃過程所擬訂的情境計畫和決策樹，就能不斷校正自己的觀點。一個人若了解且適應世界的不確定性，將會過得更快樂。我們不要抱持極端的觀點過生活，而是要從不確定的環境中感到滿足，努力根據經驗去追求進步。

美國民眾對二〇一六年美國總統大選的反應，提供了另一個有說服力的案例，指出砍掉樹枝後會如何。希拉蕊一路被人看好，數據新聞網站「五三八」根據各項民意調查來評估，指出希拉蕊的勝選機率介於六〇%至七〇%。當川普贏得總統寶座時，民調專家獲得與皮特．卡羅爾相同的待遇，「五三八」的創辦人納特．西爾弗是思慮周全的民調數據分析師，卻遭受最嚴厲的批評。（「納特．西爾弗預測錯誤」、「民調專家根本不準」、「就像英國脫歐一樣，這些搞統計數字的人砸鍋了」等。）儘管「川普當選樹枝」出現的機率只有三〇%至四〇%，媒體仍認為希拉蕊肯定贏得白宮寶座。大選之後的隔天，「希拉蕊當選樹枝」已被砍掉，只留下「川普當選樹枝」，而當時的人們就一直在想，民調專家與民調過程怎麼會如此盲目呢？

打撲克可以學到一點：只要深思熟慮之後做決策，而且下了自認為最好的賭注，就會習於評估各種結果的發生機率。在不確定的情況下持續做決策並得知結果，便會習慣不斷發生的失敗。在某種程度上，人人都是耽溺於結果的癮君子。然而，如果能戒除這種癮頭，就會變得更幸福。沒人能事事如意，每個人都有失敗的時候。然而，我們可以下良好的賭注，即使下了不好的賭注，通常也會有第二次機會，因為我們將從經驗中學習，然後再繼續下更好的賭注。

生命如同打撲克，是一場漫長的賽局。即使下了最好的賭注，仍可能一敗塗地。若能體會人無法確知未來，就會做得更好並且更快樂，不會要求每次都得做對，這是不可能的。我們會轉而在不確定的環境中前行，沿途調整信念，一點一滴改進，進而從更準確、更客觀的角度去表達真實世界。只要有戰略遠見和前瞻性，便能掌控這種做法。只要不斷學習和校準信念，日後我們就能精於此道。

致謝

我能撰寫本書，該感謝的人很多。當然，我得謝謝家人：我的父親理查和已故的母親迪蒂（Deedy），他們激發了我對遊戲、教學和寫作的熱愛，讓我醞釀多年後得以寫下本書；我哥霍華德也很了不起，他鼓勵我成為職業撲克牌選手，讓我將決策藝術視為一門科學（反之亦然），本書提到的許多想法源自我與他的聊天內容；還有我的妹妹凱蒂（Katy），她是鼓舞人心的作家兼詩人，但我希望盡量別強調這點。凱蒂在這一路上支持我，仔細閱讀和編輯了本書。

「萊文．格林伯格．羅斯坦文學機構」（Levine Greenberg Rostan Literary Agency）和「選輯」（Portfolio）攜手合作，讓本書能付梓出版。我幾經輾轉才動筆，耗費諸多心血之後才完成本書。這兩個組織的員工熱心協助我，讓定稿盡善盡美。

吉姆．萊文（Jim Levine）擔任我的著作出版經紀人，一路上不斷支持我，對我關懷備至，協助我撰寫和遞交出版提案。吉姆從一開始就堅信我能辦到，協助我從各種方式去處理材料，並耐心指導我逐步走完提案流程。他對本書始終保持高度的熱情，幫助我在自我懷疑時依舊理智清醒。我還要感謝吉姆的助理馬修．胡夫（Matthew Huff），他從第一次會議後就不斷從旁協助，並且在我撰寫提案時鼎力協助。

我的編輯和治療師尼基．帕帕多普洛斯（Niki Papadopoulos）從很多方面大幅改善了本書內容，最重要的就是建議我從嶄新的角度去組織自己的想法。我對此感激不盡。除了尼基，我也要感謝利亞．特勞夫博斯特（Leah Trouwborst），她鼓勵我、協助編輯本書，偶爾也提供臨時治療。我也要謝謝維維安．羅伯森（Vivian Roberson），感謝她能讓本書的生產列車按時前進。

前面提到的人（及其他人）都鼓勵我寫這本書。我想逐一感謝提供具體貢獻的人士。首先要感謝丹．阿里利（Dan Ariely），他介紹我認識吉姆．萊文。我還要謝謝查爾斯．杜希格，他很熱心分享《為什麼我們這樣生活，那樣工作?》的出版提案，讓我得到啟發而撰寫自己的提案。在我著手寫書時，丹和查爾斯扮演了重要的角色，他們花很多時間和精力來鼓勵我，告訴我打撲克確實可以提供寶貴的觀點，讓人掌握決策。

格倫．克拉克森（Glen Clarkson）也提供極為寶貴的意見。他曾試圖讓我寫不完本書。

我原本只想寫撲克牌策略，但他不停地嘮叨（這要從最正面的角度來看待），要我擴展內容。他說的確實沒錯。

許多人曾經教導我，開啟了我的眼界，以下列出幾位傑出的人士：

我的賓州大學指導教授莉拉．葛萊特曼（Lila Gleitman）激發了我對研究「學習」的熱愛。莉拉勇敢、風趣、聰明、富有洞見，同時對工作充滿熱情，是我追求科學知識時的榜樣。她教我如何像科學家一樣去思考，雖然她已經八十八歲，仍是最能鼓舞人心的學者。我沒有獲得博士學位便休學，但莉拉擔任我的指導教授之後，一直非常照顧我。她看到我休學後追求不一樣的生活，為我感到高興，從來不會讓我因為沒獲得博士學位而難過。我也想記念莉拉的丈夫亨利（Henry）。亨利也是我的導師，他是實驗設計的大師，在我求學之路上是巍然聳立的標竿人物。

我在哥倫比亞大學求學時，芭芭拉．蘭多（Barbara Landau）讓我對心理學產生興趣。當時我是大學部學生，有幸能夠擔任她的研究助理四年。芭芭拉曾受教於莉拉和亨利，因此鼓勵我去賓州大學深造。

喬恩．巴隆（Jon Baron）是我第一個決策研討班的講師。鮑伯．雷斯科拉（Bob Rescorla）讓我感受到他研究「制約」的熱誠，同時引領我如何深入探索「學習」。我也要感謝哥倫比亞大學和賓州大學的所有教授，感謝他們的指導與栽培，讓我對科學、心理學、行為、學習和決策深感興趣和好奇。

我休學（二十年）去打撲克，卻從未放棄讓我著迷的主題：人們如何學習，以及人們如何利用學習的成果。我要感謝我在打牌生涯中遇到的貴人。我很感謝撲克界能歡迎我這年輕女孩加入他們，也要謝謝他們幫助我找到導師和朋友，以及那些豐富我打牌生涯的人物。我非常感謝撲克這遊戲，它讓我充滿激情，並得以發覺其複雜性，同時不斷提醒我，我每揭開一層面紗，下面還有更多層面紗。

我尤其要感謝艾瑞克．賽德爾，要感謝的原因實在多到數不清，例如：告訴我怎樣才算理性思考。

我要特別感謝大衛．格雷，因為他告訴我「鯨魚艾拉」的故事；也要謝謝菲爾．赫爾穆斯，感謝他說出了撲克界史上最著名的言論之一；還有約翰．漢尼根，他跟我分享了自己因下注而搬到德斯莫恩的故事。

這些頂尖高手與其他玩家也跟我分享他們的專業知識，並成為我的朋友，這真是非常美妙。我有幸能觀看以下的出色玩家打牌而從中學習：克里斯．弗格森（Chris Ferguson）、杜爾．賓臣（Doyle Brunson）、奇普．瑞斯（Chip Reese）、蓋斯．漢森（Gus Hansen）、哈克．

塞德（Huckleberry Seed）、泰德・福雷斯特（Ted Forrest）、安迪・布洛赫（Andy Bloch）、莫理・艾斯肯丹尼（Mori Eskandani）、菲爾・艾維（Phil Ivey）、鮑比・巴克勒（Bobby Buckler）、阿倫・坎寧安（Allen Cunningham）、丹尼・羅比遜（Danny Robison）和曹志揚（Chau Giang，音譯）。這些玩家與我多年來碰到優秀牌手不僅牌技非凡，他們也善用各種方法去做出正確的決策。

我多年來受聘於許多公司、會議、專業團體和高階主管，透過主題演講、退休會、諮詢會議和指導課程傳達觀點，並從中獲得寶貴的意見和回饋，如此才能出版本書。我首先要感謝羅傑・羅威（Roger Lowe），感謝他邀請我這位撲克玩家向選擇權交易員演講，說明打撲克為何有助於決策。倘若他沒有在二〇〇二年跳脫傳統思維框架邀請我去演講，可能就不會有這本書。我在那場退休會中提出了粗略的想法，爾後逐漸發展成為本書的內容。

就在撰寫本書時，許多出版界、學術界和商業界的朋友與我分享他們的專業、知識和熱情。他們與我一起討論，回答我的問題，並且向我提供更多的訊息。

科林・卡梅萊（Colin Camerer）與我素未謀面，卻樂於和我聊天。

當我信心動搖，不知是否該寫這本書時，斯圖爾特・弗斯坦（Stuart Firestein）適時告訴我，不確定性是很有趣且令人興奮的主題。斯圖爾特和我成為好友，一路上不斷鼓勵我。他活潑熱情，即使我無法像他那樣，他的熱情卻深深感染了我。

奧麗薇亞・福克斯・卡本尼（Olivia Fox Cabane）熱切鼓勵我，她認為不確定性是很有趣的主題。

維多利亞・格雷（Victoria Gray）是我的好友，她透過自己創辦的「心智探險」非營利組織向我介紹許多優秀的學者，包括喬治・戴森（George Dyson）和斯圖爾特・弗斯坦。

我第一年在賓州大學讀研究所時，遇到了喬恩・海德特（Jon Haidt）。她在二〇一六年大選之後雖然瑣事纏身，還願意撥冗與我通電話，並且提醒我重新閱讀約翰・斯圖爾特・彌爾的作品。

瑪莉亞・柯妮可娃（Maria Konnikova）協助我撰寫本書，同時從全新角度告訴我，打撲克如何啟發心靈。我們都喜歡艾瑞克・賽德爾展現的智慧。

戴夫・萊諾維茨（Dave Lenowitz）有求知慾、充滿好奇心，並且樂於分享觀念。

羅伯特・麥克康恩針對「結果隱蔽」跟我討論了幾次，讓我受益良多。

加里・馬庫斯曾和我長談，討論構成本書思想架構的主題。我讀研究所時第一次遇到加里，當時我還是莉拉的學生，而他是心理學家史迪芬・平克（Steven Pinker）的學生。我多年以後撰寫本書時，便和他重新聯繫上。我有幸能夠跟他討論關於記憶和時間的話題，得到了非常寶貴的意見。

歐廷珍和她的丈夫彼得・格維茲（Peter Gollwitzer）都是紐約大學心理學教授。這對夫妻非常友善，特地與我共進午餐，一起談論「心智對比」，讓我汲取寶貴的想法來撰寫本書。

格里・歐理斯壯（Gerry Ohrstrom）將我重新介紹給加里・馬庫斯，而加里又介紹我認識歐廷珍夫婦。

約瑟夫・斯威尼（Joseph Sweeney）熱愛研究「學習」，同時大量累積了這領域的知識。我與他長談了數次，從中得到許多想法，得以讓本書內容更完備。

菲爾・特特洛克曾與我聊了三小時，那是我一生中獲益最多的時光。此外，他鼓勵我去重溫羅伯特・默頓的科學規範。

約瑟夫・科布（Joseph Kable）曾和我共進午餐，我倆一起談論在想像未來時召喚的大腦通路。

感謝所有「我如何決策」（How I Decide）基金會的朋友和同事。我與人共同創立這教育性的非營利基金會，旨在教導年輕人如何做出更好的決策並養成批判性思考的能力。感謝所有肩負重任的同仁、執行長戴夫・萊諾維茨和所有員工：丹・唐納森（Dan Donaldson）、迪倫・戈登（Dylan Gordon）、吉莉安・哈德葛洛夫（Jillian Hardgrove）、阿德里安娜・馬薩拉（Adriana

Massara）、拉敏．莫哈哲（Ramin Mohajer）和約瑟夫．斯威尼。我還要感謝董事會和諮詢委員會的所有成員。這些出色人士對本書貢獻良多，我看見他們辛勤工作和犧牲奉獻，內心頗為感動，於是也盡全力去了解和教導決策技巧。

下面幾位閱讀了本書初期內容或草稿並提出意見，特別在此感謝：吉姆．杜恩（Jim Doughan）、保羅．蘇梅克（Paul Schoemaker）、史可娜維琪（T. C. Scornavacchi）、托德．辛姆金（Todd Simkin）和約瑟夫．斯威尼。

我要特別感謝邁可．克雷格（Michael Craig），他鼎力協助編輯本書。沒有他相助，本書絕對無法問世。邁可是我的好友，我很感謝他提供專業的協助。

我非常感謝詹妮．弗薩弗（Jenifer Sarver），她替我打點一切，讓我的職業生涯運轉順暢。少了她，我將不知所措。我也非常感謝盧斯．史塔伯（Luz Stable）熱心相助，讓我撰寫本書時能兼顧各項商業職責。

我寫書時總是埋頭苦幹。感謝我的朋友們願意忍受我，同時耐心等我抬頭回應。我取消了不少計畫，多到連自己都搞不清楚。我知道大家都在背後支持我，並對此永生難忘。

倘若艾利克（Eric）沒有從旁協助，我真的無法完成本書。他不斷忍受我的脾氣，也一直激勵我去寫書和處理其他事務。我要感謝我的繼子、繼女讓我的生活更加充實，也謝謝他們始終保持耐心和理解我。

我從基金會獲益良多，父母和兄妹也鼎力支持我，而我優秀的孩子們同樣在背後支持我，他們忍受我的脾氣，也忍受這本書。教導他們一直是我生活的目標；然而，他們教會我的東西，遠超過我能想像。我的孩子非常棒，每天都能激勵我。

注解

前言

第一二頁 1 用下注思維提高決策品質

我在書中數次提到撲克錦標賽的結果。除了現金賽事外，還有錦標賽。玩家參加錦標賽時，必須繳報名費並領取籌碼，籌碼僅適用於比賽，不能兌換為現金。玩家要在指定牌桌比賽，並根據預定時程逐漸提高下注籌碼。輸掉全部籌碼就被淘汰。奪冠者可贏得全部籌碼，但獎金是根據決賽桌的排名來分配。我根據「亨敦盜賊資料庫」（Hendon Mob Database）網頁（pokerdb.thehendonmob.com）來列出錦標賽冠軍和獎金額度。這個資料庫收錄從一九七〇年第一屆世界撲克大賽以來，總共超過三十萬項賽事的結果。

第一章

第一八頁 2 事後諸葛：把決策品質與結果相提並論

我在書中不斷提及皮特・卡羅爾在超級盃結束前下的指令與民眾的反應。這項關鍵事件曾被媒體用聳動的標題報導，包括克里斯・蔡斯（Chris Chase）的〈美式足球聯盟有史以來最差勁的戰術指令。西雅圖海鷹隊到底怎麼盤算的〉，出自於《今日美國》，二〇一五年二月一日，http://ftw.usatoday.com/2015/02/seattle-seahawks-last-play-interception-marshawn-lynch-super-bowl-malcolm-butler-play-clal-pete-carroll；馬克・馬斯克（Mark Maske）的〈超級盃有史以來最糟糕的戰術指令。人們對海鷹隊和愛國者隊的看法將永遠改觀〉，出自於《華盛頓郵報》，二〇一五年二月二日，https://www.washingtonpost.com/news/sports/wp/2015/02/02/worst-play-call-in-super-bowl-history-will-forever-alter-perception-of-seahawks-patriots；亞歷克斯・馬維茲（Alex Marvez）的西雅圖海鷹隊使用超級盃有史以來最愚蠢的戰術，可能從此一蹶不振〉，出自於福斯體育台網站，二〇一五年二月二日，http://www.foxsports.com/nfl/story/super-bowl-seattle-seahawks-pete-carroll-darrell-bevell-russell-wilson-dumbest-call-ever-020215；傑里・布魯爾（Jerry Brewer）的〈海鷹隊採用超級盃歷史上最糟糕的戰術而飲恨〉，出自於《西雅圖時報》，二〇一五年二月一日，http://old.seattletimes.com/html/seahawks/2025601887_

brewer02xml.html；以及尼古拉斯・達維多夫（Nicholas Dawidoff）的〈海鷹隊教練在超級盃犯下嚴重錯誤〉，出自於《紐約客》，二〇一五年二月二日，http://www.newyorker.com/news/sporting-scene/pete-carroll-terrible-super-bowl-mistake。

替卡羅爾緩頰，指出他的指令完全合理的報導如下：布萊恩・柏克的〈難下的指令：為何皮特・卡羅爾決定傳球並不像表面上看起來的那樣愚蠢〉，出自於《頁岩》，二〇一五年二月二日，http://www.slate.com/articles/sports/sports_nut/2015/02/why_pete_carroll_s_decision_to_pass_wasn_t_the_worst_play_call_ever.html；以及班傑明・莫里斯的〈總教練搞砸了超級盃，但皮特・卡羅爾沒有出錯〉，出自於「五三八」，二〇一五年二月二日，https://fivethirtyeight.com/features/a-head-coach-botched-the-end-of-the-super-bowl-and-it-wasnt-pete-carroll。皮特・卡羅爾接受《今日秀》的訪問內容來自克里斯・威塞林（Chris Wesseling）的〈皮特・卡羅爾承認那是歷來戰術執行最糟的結果〉，出自於NFL.com，二〇一五年二月五日，http://www.nfl.com/news/story/0ap3000000469003/article/pete-carroll-concedes-worst-result-of-a-call-ever。

比賽訊息和統計數據來自Pro-Football-Reference.com，但其中許多資料也出現在這場比賽的說明與分析報導。

第二五頁 3 多數決定都是靠反射思維

若想了解人們處理資料時的問題（包括資料只有相關性，卻假設有因果關係，或者篩選數據來佐證自己偏愛的說法），請參閱加里・馬庫斯和厄尼・戴維斯於二〇一四年四月六日在《紐約時報》評論版的投書〈八個（不，九個！）大數據的問題〉（"Eight [No, Nine!] Problems with Big Data"）。

除了本章節提到的資料來源外，柯林・坎麥爾曾與我通過電話，我倆針對這項主題討論了兩小時。我強烈建議各位觀看他精彩的 TEDx 演講「神經科學、賽局理論和猴子」（Neuroscience, Game Theory, Monkeys），他演講時播放了一項有趣的實驗，顯示黑猩猩其實比人類更了解賽局理論。

第三三頁 4 賽局理論是研究多數決策的基礎

我在名為「心智探險」的青年指導會上遇到了歷史學家喬治・戴森，他是物理學家弗里曼・戴森（Freeman Dyson）的兒子。這場會議是在普林斯頓高等研究院舉行。我演講時提到約翰・馮紐曼（幾乎每次演講都是如此），告訴學生這場地對我而言是神聖的，因為馮紐曼曾在此從事研究。喬治聽到我這麼說，後來給我發了一封電子郵件，附上一份馮紐曼向賭場借的賭博借據。除了本章節提到的資料外，關於馮紐曼的訊息出自於下列來源：波士頓公共圖書館「二十世紀百大最具影響力書籍」，刊登於 TheGreatestBooks.org；提姆・哈福德（Tim Hartford）的〈美麗的理論〉（"A Beautiful Theory"），刊登於《富比士》，二〇〇六年十二月十日；普林斯頓高等研究院的〈約翰・馮紐曼的貢獻〉（"John von Neumann's Legacy"），刊登於 IAS.edu；亞歷山大・萊奇（Alexander Leitch）的〈約翰・馮紐曼〉（"von Neumann, John"），收錄於《普林斯頓同伴》（*A Princeton Companion*），一九七八年；羅伯特・雷納德（Robert Leonard）的〈從室內遊戲到社會科學：馮紐曼、摩根斯騰與賽局理論的誕生〉（"From Parlor Games to Social Science: von Neumann, Morgenstern, and the Creation of Game Theory 1928– 1944"），收錄於《經濟文獻雜誌》（*Journal of Economic Literature*），一九九五年。

數學家哈羅德・威廉・庫恩（Harold W. Kuhn）在《賽局理論》六十週年紀念版的介紹中說出這些評論。

《奇愛博士》主角的影響不明，令人捉摸不定，或者根據不同人的講述（或推測）而有所不同。約翰・馮紐曼跟電影中的主角在外觀上有點雷同，因此通常被認為型塑了這個角色。

其他可能的人選包括：美國火箭專家華納・馮・布朗（Wernher von Braun）、美國未來學家赫曼・卡恩（Herman Kahn）、美國理論物理學家愛德華・泰勒（Edward Teller），以及前美國國務卿亨利・季辛吉（Henry Kissinger）。《奇愛博士》在製片時，季辛吉擔任哈佛大學教授，形象比較模糊，但其他人是可認可的型塑角色模範。

約翰・馮紐曼對賽局理論的貢獻及賽局理論對現代經濟學的影響毋庸置疑。至少有十一位諾貝爾經濟學得主的研究可能與賽局理論有關聯或受其影響。NobelPrize.org 按年代、領域和貢獻列出以下十一位經濟科學獎得主：（一）海薩尼・亞諾什・卡羅伊（John C. Harsanyi）（二）約翰・福布斯・奈許二世（John F. Nash Jr.）（三）賴因哈德・澤爾騰（Reinhard Selten）（一九九四年，賽局理論，「因為他們率先研究非合作賽局理論平衡狀態」）；（四）勞勃・約翰・歐曼（Robert J. Aumann）（五）湯瑪斯・克倫比・謝林（Thomas C. Schelling）（二〇〇五年，賽局理論，「因為他透過賽局理論，讓我們更了解衝突與合作」）；（六）里奧尼德・赫維克茲（Leonid Hurwicz）；（七）埃里克・馬斯金（Eric S. Maskin）（八）羅傑・梅爾森（Roger B. Myerson）（二〇〇七年，微觀經濟學，「因為他奠定了機制設計理論〔mechanism design theory〕的基礎）；（九）阿爾文・羅思（Alvin E. Roth）；（十）勞埃德・沙普利（Lloyd S. Shapley）（二〇一二年，應用賽局理論，「因為他提出穩定分配理論和市場設計實踐」）；

（十一）讓．梯若爾（Jean Tirole）（二〇一四年，產業組織、微觀經濟學，「因為他對市場力量和行政管制的分析」）。

第三六頁 5 「下棋」非賽局，「打撲克」才是

我哥霍華德原本是下西洋棋，但很少人從西洋棋界跳槽到撲克界。我認為下西洋棋時沒有不確定性，但打撲克卻充滿了不確定性，玩家很難在這兩種領域轉換。相較之下，我打撲克時也常會參加西洋雙陸棋的賽事。許多頂尖的撲克玩家也是世界級的雙陸棋棋手：奇普．瑞斯、哈克．塞德、傑森．萊斯特（Jason Lester）、蓋斯．漢森、保羅．馬格里爾（Paul Magriel）、丹．哈靈頓（Dan Harrington）和艾瑞克．賽德爾。玩家比較容易在撲克和西洋雙陸棋之間切換，可能是這兩個領域比較有共同的不確定因素。撲克玩家必須在發牌時與運氣打交道。西洋雙陸棋棋手得在擲骰子時面對運氣。

第三九頁 6 資訊不完整如何害了決策？

好幾代的電影迷都非常熟悉《公主新娘》中維斯特雷和維茲尼的對決場面。雖然電影和小說場景幾乎一模一樣，本段引述的話其實來自於小說。唯一明顯的區別是作者兼編劇威廉・戈德曼（William Goldman）和導演羅伯・雷納（Rob Reiner）將過度自信的維茲尼巧妙地呈現於電影中。當維茲尼向穿黑衣的維斯特雷描述自己智慧高超時，電影中的維茲尼說到了重點，他點出了古代最偉大的思想家，然後將這些偉人與他相比而得出結論：「笨蛋！」在小說中，戈德曼讓維茲尼誇誇其談。以下完整收錄小說的片段：「沒有任何言語可以描述我的全部智慧。我是如此狡猾、詭詐和聰明。我老愛欺騙，耍詭計和花招，如此刁鑽、如此精明且工於算計。我狡詐惡毒，詭計多端，不值得信任……好吧，我告訴你，人類還沒發明足以描述我有多麼聰明的詞語，容我這樣說：世界已有幾百萬年的歷史，曾有幾十億人降生於地球。然而，我可以誠懇謙卑地說，我這位西西里人維茲尼，乃是有史以來最狡猾、最油嘴滑舌、最陰險和最狡詐的人。」

至於我提到拋擲四次硬幣與拋擲一萬次硬幣，乃是指相對而言。其實已有許多研究指出需要拋擲多少次硬幣，才能確定硬幣是否是公平（正常）的。各位若有興趣，不妨參閱維基百科的說明「Checking Whether a Coin Is Fair」（檢查硬幣是否公平），刊登日期二〇一七年六月一日，https://en.wikipedia.org/ wiki/Checking_whether_a_coin_is_fair。

第四七頁 7 重新定義「錯誤」

有人批評賭注登記經紀人在英國脫歐投票前確定賠率時「犯了錯」，至於內容如何，請參閱強．辛德祿（Jon Sindreu）的 "Big London Bets Tilted Bookmakers' 'Brexit' Odds"，《華爾街日報》，二〇一六年六月二十六日，https://www.wsj.com/articles/big-london-bets-tilted-bookmakers-brexit-odds-1466976156，以及艾倫．德肖維茨（Alan Dershowitz）的 "Why It's Impossible to Predict This Election"，《波士頓環球報》（*Boston Globe*），二〇一六年九月十三日，https://www.bostonglobe.com/opinion/2016/09/13/why-impossible-predict-this-election/Y7B4N39FqasHzuiO81sWEO/story.html。宣稱某人的預測是「正確」或「錯誤」後會有所混淆。讀者若想探究這點，我在英國脫歐投票之後及美國大選之前分別寫了兩篇相關的文章。一是 "Bookies vs. Bankers on Brexit: Who's Gambling Now?"，刊登於 Huff ingtonPost.com，二〇一六年七月十三日，http://www.huffingtonpost.com/entry/bookies-vs-bankers-on-brexit-whos-gambling-now_us_57866312e4b 0cbf01e9ef902。二是 "Even Dershowitz? Mistaking Odds for Wrong When the Underdog Win"，《哈芬登郵報》（*Huffington Post*），二〇一六年九月二十一日，http://www.huffingtonpost.com/annie-duke/even-dershowitz-mistaking_b_ 12120592.html。

在二〇一六年總統大選後，納特．西爾弗和他的網站「五三八」因為先前做的民調與預測而飽受批判。西爾弗的網站即時更新了選舉的民調和預測數據，先前宣稱（日期不同會有起伏）希拉蕊勝選的概率約為六〇%至七〇%。如果各位用 Google 搜尋 Nate Silver got it wrong election（不加引號），會得到四十六萬五千筆的結果。《政客》（*Politico*）九月九日的標題是 "How Did Everyone Get It So Wrong?"，http://www.politico.com/story/2016/11/how-did-everyone-get-2016-wrong-presidential-election-231036。Gizmodo.com 在大選之前便批判西爾弗，因為該網站在九月四日刊登一篇馬特・諾瓦克（Matt Novak）撰寫的文章 "Nate Silver's Very Very Wrong Predictions About Donald Trump Are Terrifying"，http://paleofuture.gizmodo.com/nate-silvers-very-very-wrong-predictions-about-donald-t-1788583912，該文宣稱「西爾弗啥都不知道」。

第二章

第六九頁 8 「耳聞為憑」是人性

這段關於禿頭的說法出自於蘇珊・斯庫蒂（Susan Scutti）的 "Going Bald Isn't Your

Mother's Fault; Maternal Genetics Are Not to Blame"，《每日醫學網站》，二〇一五年五月十八日，http://www.medicaldaily.com/going-bald-isnt-your-mothers-fault-maternal-genetics-are-not-blame-333668。有許多這類常見的迷思，例如：艾瑪格．蘭菲爾德（Emma Glanfield）的 "Coffee Isn't Made from Beans, You Can't See the Great Wall of China from Space and Everest ISN'T the World's Tallest Mountain: The Top 50 Misconceptions That Have Become Modern Day 'Facts'"，《每日郵報》（*Daily Mail*），二〇一五年四月二十二日，http://www.dailymail.co.uk/news/article-3050941/Coffee-isn-t-beans-t-Great-Wall-China-space-Everest-ISN-T-worlds-tallest-mountain-Experts-unveil-life-s-50-misconceptions-modern-day-facts.html。維基百科所收錄的「List of Common Misconceptions」（常見的迷思），刊登日期二〇一七年六月二十七日，https://en.wikipedia.org/wiki/List_of_common_misconceptions。

第七七頁 9 信念影響一個人處理訊息的方式

這些出自於學校報紙的說法與哈斯托夫和坎特里爾的研究報告一模一樣。

第九〇頁 10 重新定義「信心」

你向那些知道用這種方式溝通的人表達不確定性時，雙方的認知就像打開一盞燈，一點就通。我開始撰寫本書時，曾和斯圖爾特．弗斯坦共進午餐。當服務生替我們點餐之前，我倆幾乎沒有相互寒暄。服務生的母語不是英語，而我吃東西時很挑剔，連跟英語為母語者都說很難清楚自己的特別飲食習慣。服務生走開之後，我說道：「嗯，有七三％的機率。」斯圖爾特笑得很開懷，因為他立刻知道我在說什麼。他說：「我想機率會更低，他把餐點全部弄對的機率大概只有四〇％左右。」我說出不確定性之後，我們便開始討論服務生會不會送錯我的午餐。這似乎是一件小事，但以這種方式表達不確定性時，將可讓雙方討論更重要的話題。

第三章

第一〇九頁 11 不確定性讓反推變困難

我討論傳統的「刺激—反應實驗」，指的是心理學家伯爾赫斯．弗雷德里克．史金納（B.

F. Skinner）的經典實驗。他的某項主要實驗與一篇心理學家奧頓・林斯利（Ogden Lindsley）撰寫的文章，內文講述史金納的某些研究。

第一一三頁 12 「自利偏差」：成功歸於自己，失敗歸咎運氣

普林斯頓高等研究院有個刊登約翰・馮紐曼生平貢獻的網頁，提到馮紐曼說過，樹木曾依序以每小時六十英里的速度從旁邊過去，結果一棵樹就突然出現在他的眼前。威廉・龐士東曾在《囚犯的兩難：賽局理論與數學天才馮紐曼的故事》提到好幾則關於馮紐曼的故事，書中也講到馮紐曼的開車習慣。共和黨在二〇一六年一月二十八日於愛荷華州舉辦總統初選辯論會，有好幾種版本的文字稿與影片，好比政治部落格「聚焦團隊」（Team Fix）的 "7th Republican Debate Transcript, Annotated: Who Said What and What It Mean"，《華盛頓郵報》，二〇一六年一月二十八日，https://www.washingtonpost.com/news/the-fix/wp/2016/01/28/7th-republican-debate-transcript-annotated-who-said-what-and-what-it-meant。

第一二一頁 13 觀看別人經驗，免費學做決策

尤吉．貝拉針對各項主題曾說過許多名言，讓人不禁懷疑他是否確實說過這些話。他寫過一本書，並以這種敏銳的觀察做為書名，因此我認為這句應該是尤吉親口說的話（或者至少是他自己採納的言論）。各位可參閱尤吉與大衛．卡普蘭（Dave Kaplan）在二〇〇八年合著的書《透過觀看，能觀察到諸多事情：我從洋基隊和生活中學到的團隊合作知識》（*You Can Observe a Lot by Watching: What I've Learned about Teamwork from the Yankees and Life*）。

巴特曼事件及其後續發展的訊息多不勝數，在 YouTube 上也可看到這場比賽的影片與巴特曼觸球的片段。小熊隊球迷在瑞格利球場的行為以及言論來自於艾力士．吉伯尼二〇一四年的 ESPN 紀錄片《捕捉地獄》。

第一二八頁 14 別為了一時自我感覺良好，犧牲了長期目標

若想閱讀道金斯針對基因表現型相互競爭如何促進天擇的文獻，請參閱《當前社會生物學的問題》（*Current Problems in Sociobiology*）和《地球上最偉大的表演：演化的證據》（*The Greatest Show on Earth*）。

若想知道人們是否會選擇在一九〇〇年或二〇一〇年賺七萬美元，請參閱（和收聽）"Would You Rather Be Rich in 1900, or Middle-Class Now?"，NPR.org，二〇一〇年十月十二日，http://www.npr.org/sections/money/2010/10/12/130512149/the-tuesday-podcast-would-you-rather-be-middle-class-now-or-rich-in-1900。

第一三二頁 15 重塑習慣，從改變常規開始

伊凡．巴夫洛夫的研究眾所周知，各類媒體也做了總結。了解巴夫洛夫實驗的方法有許多種，可參考丹尼爾．托迪斯（Daniel Todes）的書籍《巴夫洛夫的生理學工廠：實驗、解釋和實驗室企業》（*Pavlov's Physiology Factory: Experiment, Interpretation, Laboratory Enterprise*）。

如果你不看電視轉播的高爾夫球賽事，高爾夫球分析師和前美巡賽職業選手約翰．馬吉內斯（John Maginnes）曾在「馬吉內斯內幕消息」（Maginnes On Tap）網站上講述「譴責果嶺」的瞪眼儀式，Golf.SwingBySwing.com，二〇一三年二月十三日，http://golf.swingbyswing.com/article/maginnes-on-tapgolfers-in-hollywood。高爾夫球傳奇教練大衛．佩爾茲（David Pelz）曾訓練過菲爾・米克森，他曾說米克森會練習將一百顆離洞口三英尺的球推進洞內。〈大衛・佩爾茲和三英尺圓圈推桿〉（"Dave Pelz and the 3 Foot Putting Circle"），GolfLife.com，二〇一六年六月十三日，http://www.golflife.com/dave-pelz-3-foot-putting-circle。

第四章

第一四六頁 16 並非人人都想求真

讀者可從 YouTube 上觀看勞倫・康拉德在《大衛深夜秀》接受大衛・賴特曼訪問時的尷尬場面。對訪談的網路回應出自於以下來源：瑞安・泰特（Ryan Tate），"David Letterman to Lauren Conrad: 'Maybe You're the Problem'"，Gawker.com，二〇〇八年十月二十八日，http://gawker.com/5069699/david-letterman-to-lauren-conrad-maybe-youre-the-problem；出自艾曼（Ayman），"Lauren Conrad on David Letterman"，Trendhunter.com，二〇〇八年十月三十日，https://www.trendhunter.com/trends/lauren-conrad-interview-david-letterman；"Video: Letterman Makes Fun of Lauren Conrad & 'The Hills' Cast"，Starpulse.com，二〇〇八年十月二十九日，

http://www.starpulse .com/video-letterman-makes-fun-of-lauren-conrad-the-hills-cast-1847865350.html。（警告：這些網站可能已經關閉，或者刪除了先前的內容。）

第一五五頁 17 如何避免團體迷思？

我提到匿名戒酒協會透過團體來助人戒酒，乃是要證明人顯然可以依靠團隊的支持去戒除癮頭，該協會的創始人威廉．格里菲斯．威爾遜和鮑伯醫生的例子亦可證明這點。我根據公開的資源來了解匿名戒酒協會的細節，比如參閱該協會的網站（aa.org），網站包括草創文件、十二步驟、協會的檔案和歷史，以及電子圖書館。

我去紐約讀大學時首度遇到艾瑞克．賽德爾。我哥霍華德當時加入一個研究小組，組內有紐約傑出的撲克玩家，包括艾瑞克．賽德爾、丹．哈靈頓、史蒂夫．佐洛托（Steve Zolotow）和傑森．萊斯特。這些玩家的職業撲克生涯都很成功，包括贏得七只世界撲克大賽金手鐲，贏得的錦標賽獎金總和高達將近一千八百萬美元，這還「不算」賽德爾的八只金手鐲和獎金三千二百萬美元；那是非常棒的研究團隊。我前往梅菲爾俱樂部（Mayfair Club）找霍華德時，遇到了這些玩家。他們先玩西洋雙陸棋，然後打撲克。他們一起切磋，最終成為撲克玩家。

第一六六頁 18 想聽取各種觀點，就加入團隊吧！

美國國務院將「異議管道」寫進外交事務手冊，2 FAM 071- 075.1，https://fam.state.gov/fam/02fam/02fam0070 .html。有數則新聞報導過歐巴馬和川普政府如何運用「異議管道」，報導中提到這種機制的歷史和起源。請參閱約瑟夫・卡西迪（Joseph Cassidy），"The Syria Dissent Channel Message Means the System Is Working"，《外交政策》（*Foreign Policy*），二〇一六年六月十九日；傑佛瑞・格特勒曼（Jeffrey Gettleman），"State Dept. Dissent Cable on Trump's Ban Draws 1,000 Signatures"，《紐約時報》，二〇一七年一月三十一日；斯蒂芬・戈德史密斯（Stephen Goldsmith），"Why Dissenting Viewpoints Are Good for Efficiency"，《政府科技》（*Government Technology*），二〇一六年六月二十六日；尼爾・凱泰爾，"Washington Needs More Dissent Channels"，《紐約時報》，二〇一六年七月一日；以及喬許・羅金（Josh Rogin），"State Department Dissent Memo: We Are Better Than This Ban"，《華盛頓郵報》，二〇一七年一月三十日。若想知道建設性異議的四項優點，請參閱 "Constructive Dissent

Awards"，AFSA.org，http://www.afsa.org/constructive-dissent-awards。尼爾·凱泰爾在上面《紐約時報》的評論版也提到，美國中央情報局承認在突襲奧薩瑪·賓·拉登運用了「紅隊」策略。

第一七一頁 19 就連公正的大法官也會陷入「迴聲室效應」

最高法院大法官日益同質化，箇中細節出自於亞當·利普塔克（Adam Liptak）在二〇一〇年九月六日向《紐約時報》的投書 "A Sign of the Court's Polarization: Choice of Clerks"。該文也提到大法官托馬斯聘請書記的做法。奧利弗·羅德（Oliver Roeder）曾在二〇一七年一月三十日於「五三八」發表一篇文章，名為 "How Trump's Nominee Will Alter the Supreme Court"，文內提到托馬斯與其他大法官意識型態的差距。我讀了羅德的文章，從中找到李·愛潑斯坦（Lee Epstein）及其同仁在《法律、經濟與組織期刊》（*Journal of Law, Economics, and Organization*）論文上發表的數據。大法官托馬斯的聘用做法，包括他根據馬克·吐溫教豬唱歌的名言所說的言論，已經被媒體廣泛報導，好比大衛·薩維奇（David Savage）的人物介紹 "Clarence Thomas Is His Own Man"，《洛杉磯時報》（*Los Angeles Times*），二〇一一年七月三日。

第一八〇頁 20 科學求真過程隱含了賭博元素

有數個討論企業預測市場的研究，提到了被研究的公司，或者已知在預測市場的公司。請參閱考吉爾（Cowgill）、沃爾弗斯（Wolfers）和齊策維茨（Zitzewitz）的 "Using Prediction Markets to Track Information Flows"。某些研究還提到匿名的公司。關於同時進行這兩種研究的例子，請參閱考吉爾和齊策維茨的 "Corporate Prediction Markets, Evidence from Google, Ford, and Firm X"。

第五章

第一八四頁 21 讓你客觀又能獲利的 CUDOS 規範

我希望能撥出篇幅或找出藉口來分享羅伯特．金．默頓的非凡人生。若想知道他精彩的一生，請參閱以下的故事：傑森．霍蘭德（Jason Hollander）的 "Renowned Columbia Sociologist and National Medal of Science Winner Robert K. Merton Dies at 92"，《哥倫比亞新聞》（*Columbia News*），二〇〇三年二月二十五日，http://www.co lumbia.edu/cu/news/03/02/

robertKMerton.html；邁可．考夫曼（Michael Kaufman）的"Robert K. Merton, Versatile Sociologist and Father of the Focus Group, Dies at 92"，《紐約時報》，二〇〇三年二月二十四日，http://www.nytimes .com/2003/02/24/nyregion/robert-k-merton-versatile-sociologist-and-father-of-the-focus-group-dies-at-92.html。

第一八六頁 22 共享主義：多學多得，多即是美

約翰．麥登參加文斯．隆巴迪的講座時，八個小時只聽了一項戰術。若想知道來龍去脈，請參閱丹．奧斯瓦德（Dan Oswald）的部落格「人資英雄」（HR Hero）貼文"Learn Important Lessons from Lombardi's Eight-Hour Session"，二〇一四年三月十日。這部介紹隆巴迪的紀錄片由NFL Films和HBO製作，於二〇一〇年十二月十一日在ＨＢＯ首播。

第二〇四頁 23 四種與人一起求真的方式

「是的，而且……」這種說法在與人即興互動時至關重要，列出「不符」此項規則的即興說法可能更容易。如果你沒有可用的即興套話，請參閱美國女星蒂娜．費伊（Tina Fey）的回憶錄《跛扈的人》（*Bossypants*），書中務實講述如何使用「是的，而且……」，非常引人入勝。

第六章

第二一三頁 24 時間折價：人們偏愛現在的自我，並犧牲未來的自我

喬．科布（Joe Kable）是賓州大學心理學教授以及該校「科布實驗室」主要研究人員。我曾與喬聊天，學到很多想像未來和記憶過去的神經通路。如果各位想更深入了解這項主題，可以參考喬的研究報告，同時我也建議去閱讀沙克特（Schacter）及其同仁在著名神經科學期刊《神經元》（*Neuron*）發表的論文。美國人的集體退休儲蓄缺口已經被媒體廣泛報導。若想大致了解涉及退休計畫的行為問題以及儲蓄缺口有多大，請參閱戴爾．格里芬（Dale Griffin）的 "Planning for the Future: On the Behavioral Economics of Living Longer"，Slate.com，二〇一三年八月，http://www.slate.com/articles/health_and_science/prudential/2013/08/_planning_for_the_future_is_scary_but_why_is_that.html；瑪麗．約瑟夫斯（Mary Josephs）

的"How to Solve America's Retirement Savings Crisis"，《富比士》；二〇一七年二月六日，https://www.forbes.com/sites/maryjo sephs/2017/02/06/how-to-solve-americas-retirement-savings-crisis/#163d6e9015ae；吉莉安．懷特（Gillian White）的"The Danger of Borrowing Money from Your Future Self"，《大西洋》（*Atlantic*）；二〇一五年四月二十一日，https://www.theatlantic.com/business/archive/2015/04/the-danger-of-borrowing-money-from-your-future-self/ 391077。

關於「美林優勢」平台的介紹，請參閱美國銀行二〇一四年二月二十六日的新聞稿"New Merrill Edge Mobile App Uses 3D Technology to Put Retirement Planning in Your Hands"，http://newsroom.bankofamerica.com/press-releases/consumer-banking/new-merrill-edge-mobile-app-uses-3d-technology-put-retirement-planni。

第二三三頁 25 如何不被當下的感受影響？

若想閱讀霍華德教授的訪談，包括他對爆胎故事的迷戀，請參閱他與索米克．拉哈（Somik Raha）的訪談報導"A Conversation with Professor Ron Howard: Waking Up"，Conversations.org，二〇一三年十月十七日。有關巴菲特的市場實力和波克夏．海瑟威公司過去五十年的股票表現，請參閱安迪・凱爾茲（Andy Kiersz）"Here's How Badly Warren Buffett Has Beaten the Market"，《商業內幕》（*Business Insider*），二〇一六年二月二十六日。我們繪製波克夏・海瑟威公司的長期股價與標準普爾五百指數的比較圖時，參照了雅虎財經的股票數據，也根據梅爾・斯塔曼（Meir Statman）和喬納森・謝伊德（Jonathan Scheid）在《金融分析師期刊》（*Financial Analysts Journal*）發表的 "Buffett in Foresight and Hindsight"。

第二三〇頁 26 別在「失常」時，魯莽做決定

可從下列網站找到基本衝浪詞彙，http://www.surfing-waves.com/surf_ talk.htm、https://www.swimoutlet.com/guides/different-wave-types-for-surfing。若想知道各種釘子，請詢問五金店老闆，或者參閱下面的網站：http://www.diynetwork.com/how-to/skills-and-know-how/tools/all-about-the-different-types-of-nails。以下網站列出腦瘤種類：http://braintumor.org/brain-tumor-information/understanding-brain-tumors/tumor-types。

第二四二頁 27 「偵察未來」提高決策品質

對於諾曼第反攻日的計畫與執行有各種報導。讀者隨時隨地都可參閱這項落實情境規劃的不朽案例。

海軍歷史學家克雷格．西蒙茲（Craig Symonds）在二〇一四年出版探討諾曼第登陸的書籍時，曾接受《每日野獸》（*Daily Beast*）的訪談，概略談及了這項主題。請參閱馬克．沃特曼（Marc Wortman）的 "D-Day Historian Craig Symonds Talks about History's Most Amazing Invasion"，TheDailyBeast.com，二〇一四年六月五日。當然也要參閱西蒙茲的書籍《海神尼普頓：同盟國入侵歐洲與反攻日登錄》（*Neptune: Allied Invasion of Europe and the D-Day Landings*）。

讀者也可參閱納特．西爾弗的 "14 Versions of Trump's Presidency, from #MAGA to Impeachment"，FiveThirtyEight.com，二〇一七年二月三日。

第二五三頁 28 向後預測：從正面的未來向後回顧

若想知道奧姆斯特德規劃中央公園的天賦以及他如何運用向後預測，請參閱大衛．艾倫

（David Allan）的"Backcasting to the Future"，CNN.com，二〇一五七年十二月十六日，以及納撒尼爾・里奇（Nathaniel Rich）的"When Parks Were Radical"，《大西洋》，二〇一六年九月，https://www.theatlantic.com/magazine/archive/2016/09/better-than-nature/492716。

第二五七頁 29 事前驗屍：從負面的未來向後回顧

除了歐廷珍的書籍以及她和丈夫彼得・格維茲發表的研究，我建議各位前往她的網站WoopMyLife.org，該網站探討如何運用以首字母縮略詞WOOP（願望〔Wish〕、結果〔Outcome〕、障礙〔Obstacle〕、計畫〔Plan〕）代表的「心智對比」。WOOP提供許多落實「心智對比」的方法。

翻轉學　翻轉學系列 001

高勝算決策

如何在面對決定時，降低失誤，每次出手成功率都比對手高？

Thinking in Bets: Making Smarter Decisions When You Don't Have All the Facts

作　　者　安妮．杜克（Annie Duke）
譯　　者　吳煒聲
總 編 輯　何玉美
主　　編　林俊安
編　　輯　陳子揚
美術設計　FE 工作室
內頁排版　洸譜創意設計股份有限公司

出版發行　采實文化事業股份有限公司
行銷企劃　陳佩宜．黃于庭．馮羿勳
業務發行　盧金城．張世明．林踏欣．林坤蓉．王貞玉
會計行政　王雅蕙．李韶婉
法律顧問　第一國際法律事務所　余淑杏律師
電子信箱　acme@acmebook.com.tw
采實官網　www.acmebook.com.tw
采實臉書　www.facebook.com/acmebook01

I S B N　978-957-8950-67-2
定　　價　360 元
初版一刷　2018 年 11 月
劃撥帳號　50148859
劃撥戶名　采實文化事業股份有限公司
104 台北市中山區建國北路二段 92 號 9 樓
電話：(02)2518-5198
傳真：(02)2518-2098

國家圖書館出版品預行編目資料

高勝算決策：如何在面對決定時，降低失誤，每次出手成功率都比對手高？/ 安妮．杜克 (Annie Duke) 著；吳煒聲譯．-- 初版．-- 台北市：采實文化，2018.11
面；公分．--（翻轉學系列；01）
譯自：Thinking in bets : making smarter decisions when you don't have all the facts
ISBN 978-957-8950-67-2（平裝）

1. 決策管理

494.1　　107016591

采實出版集團
ACME PUBLISHING GROUP